国家重点基础研究发展计划"973"计划项目资助
煤中含硫组分对微波的化学物理响应与脱除(2012CB214903)出版基金资助
安徽省自然科学基金项目煤中噻吩类有机硫组分对微波的化学物理响应与
脱除机理研究(1608085ME1)出版基金资助
"十三五"江苏省重点出版规划

煤中有机硫脱除机理的密度泛函研究

杜传梅　著

中国矿业大学出版社

图书在版编目(CIP)数据

煤中有机硫脱除机理的密度泛函研究 / 杜传梅著
. —徐州：中国矿业大学出版社，2017.6
ISBN 978 - 7 - 5646 - 3157 - 4

Ⅰ.①煤… Ⅱ.①杜… Ⅲ.①高硫煤－燃煤脱硫—研
究 Ⅳ.①TD94

中国版本图书馆 CIP 数据核字(2016)第 146648 号

书　　名	煤中有机硫脱除机理的密度泛函研究
著　　者	杜传梅
责任编辑	褚建萍
出版发行	中国矿业大学出版社有限责任公司
	（江苏省徐州市解放南路　邮编 221008）
营销热线	(0516)83885307　83884995
出版服务	(0516)83885767　83884920
网　　址	http://www.cumtp.com　E-mail：cumtpvip@cumtp.com
印　　刷	江苏淮阴新华印刷厂
开　　本	787×1092　1/16　印张 7.25　字数 182 千字
版次印次	2017 年 6 月第 1 版　2017 年 6 月第 1 次印刷
定　　价	29.00 元

（图书出现印装质量问题，本社负责调换）

序

　　煤炭是我国的主要能源,占一次能源消耗的 70% 左右,是我国经济快速持续发展的基本保证。煤中硫在炼焦过程中会影响焦炭质量,在合成气生产中则会增加煤气脱硫负荷,而在燃煤发电过程中则会产生二氧化硫造成大气环境的污染。我国二氧化硫的年排放量居于世界首位。煤利用中造成环境污染的主要污染物之一:硫,在燃烧过程中转化为二氧化硫,排入大气后会引起酸雨,造成环境污染,大气污染造成的经济损失占我国 GDP 的 3% ~ 7%。控制硫的排放是目前煤利用过程中亟待解决的主要问题之一。因此,煤炭脱硫对提高煤炭资源利用率和环境保护有重要的意义。

　　硫在煤中存在形式多种多样,硫的有机化合物是煤中硫存在的主要形式。煤中有机硫特别是噻吩硫的脱除比较困难,虽然可以用氧化法、热碱浸出法等化学方法加以脱除,但由于化学脱硫方法一般需在强酸强碱或高压等苛刻条件下进行,这不仅会增加脱硫成本,而且可能会改变煤的黏结性、膨胀性、发热量等特性。微波技术应用于煤炭脱硫,能量利用效率高,可以脱除呈细粒嵌布的硫铁矿硫和有机硫,脱硫效果良好。

　　本书作者近年来在微波脱硫机理研究方面做了许多扎实的基础研究工作,在利用微波脱除煤中无机硫和有机硫研究过程中开展了煤中含硫化合物电磁特性、性能、对温度场的响应情况、在外场作用下煤中含硫分子的特性变化、在外场作用下降解途径、脱硫机理等方面的大量的具有一定意义的研究工作,并且提出了新的发现和新的观点。

　　本书是作者多年的研究成果,取材新颖,内容丰富,数据可靠,理论与实践相结合。相信本书的出版不仅有助于从事微波脱硫洁净煤研究的同行了解微波脱硫领域的发展变化情况,而且可以为从事相关研究的科研人员提供很好的理论指导。

安徽理工大学　教授　博士生导师

张明旭

2017 年 3 月

前　言

　　煤中硫在煤的利用过程中起着不容忽视的作用。量子化学计算方法在煤化学中的应用已逐步深入到探索煤的结构与反应性之间的关系,逐渐形成了一个新的研究方向。

　　以山西新峪精煤为研究用煤,利用全组分分离实验测定有机硫赋存规律与分布:① 新峪精煤以有机硫为主,其含量占总硫的83%以上,其中90%左右的有机硫分布于大分子结构的萃余煤中,而轻质组分则几乎不含有机硫。② 有机硫在各族组分中的相对含量按沥青质组分＞精煤组分＞萃余煤组分＞轻质组分的规律降低。对煤样XPS峰进行了归属得到了煤中有机硫相对含量,得出如下结论:煤中有机硫的三种主要赋存形态的相对含量从高到低依次是硫醇(醚)、噻吩、(亚)砜。通过煤全组分分离实验得到新峪精煤及各族组分中GC/MS可检测含硫小分子化合物共有八种,其中噻吩类硫五种,硫醇(醚)类硫三种。

　　运用Materials Studio 6.0计算软件对新峪精煤中二苯并噻吩、3-甲基-二苯并噻吩等八种含硫模型化合物及新峪精煤局部的模型进行了构建及优化计算。讨论了最高占据轨道和最低未占据轨道的组成与化合物活性的关系,对于二苯并噻吩,最高已占分子轨道主要分布在S7,C3,C5,C9,C11,C12,C2,C13上,对于新峪精煤中八种含硫模型化合物,最高已占分子轨道或最低未占分子轨道主要分布在S上,说明硫原子是亲核活性点或是亲电活性点,这些是影响化合物活性的主要基团。从电荷分析可知,含硫模型化合物的负电荷主要分布在分子中的硫原子上,说明含硫模型化合物中的S原子可能是受亲电试剂进攻的可能性作用点,这就可以预测,在形成配合物时,此原子优先配位。新峪精煤局部的模型结构中在交联程度较高区域的C—S单键是键的强度比较弱的地方,这些键在煤的降解过程中比较容易发生断裂,活性比较高。

　　通过理论计算研究了外电场作用下含硫模型化合物分子的基态性质变化,如分子几何构型、能量、偶极矩、电子转移及热力学性质变化等。当加入外加电场时,分子的活性增强,分子越来越不稳定。另外,随着外电场的加入,分子中各基团的谐振频率向低频移动。温度在300～800 K之间变化时,二苯并噻吩分子总能、结合能、分子体系最高占据轨道(HOMO)能级 E_H、最低未占据轨道(LUMO)能级 E_L、能隙 E_G、总势能、自旋极化能随着温度的变化而变化得很小。分子的极性大小和微波脱硫的难易程度相对应。对比了噻吩类、硫醇(醚)类和相应类似分子在外加能量场作用下的分子的变化情况。含有S,O,N原子的极性分子对外电场的加入是有响应的,而只有C,H原子构成的1,2-二苯乙烷分子对外加电场没有反应。并且从分子的电偶极矩随外加电场变化的理论计算和微波脱硫的实验结果对比也可得到这个结论;外加电场可以改变含硫模型化合物中硫原子的振动能及分子的零点振动能,并且对分子中各基团的振动光谱强度和振动频率都有影响。

　　开展外电场作用下煤中含硫模型化合物特性和硫降解过程的研究,可以为煤在外加能量场(微波)作用下的结构与反应性研究提供可靠的理论基础。通过对噻吩在有无外电场作

用下降解生成 H_2S 的路径的比较分析可得：在有无电场作用下都有相同的降解路径，但降解过程中各中间体及过渡态的结构及性能都发生了变化，从噻吩降解的势能剖面图可知，各路径发生的难易程度是不同的。当外加电场为 0.001 a.u. 时，只有第一条路径，在过程中某一优化结构找不到，说明第二条路径不可能存在了。因而从理论上说明微波对噻吩的降解生成 H_2S 途径及途径中各中间体和过渡态的性能都会有作用。随着外加电场的加入，二甲基二硫醚和二苯并噻吩的裂解活化能降低，从理论上说明，微波除了具有热效应外，还存在一种不是由温度引起的非热效应。微波作用下的有机反应，改变了反应动力学，降低了反应活化能。从能量机制上说明为什么在新峪精煤微波脱硫实验中，硫醇/硫醚类脱除效果比较好，而噻吩硫的脱除效果却不佳。

著　者

2017 年 3 月

目　　录

1　绪　　论

1.1　选题的研究意义和必要性

　　煤炭是我国重要的基础性能源,在全球气候变暖和碳减排压力不断增加的大背景下,加快推进煤炭清洁生产和高效利用,提高煤炭资源开发利用效率,控制污染物排放,最大限度减少对生态环境的破坏,构建节约发展、清洁发展、安全发展和可持续发展的新型煤炭工业发展体系,对于保障国家能源安全稳定和支撑社会经济平稳发展都具有重要意义。我国温室气体 80% 以上的排放来自煤炭消费;煤炭排放 SO_2 占全国的 90%(2 185.1 万 t),居世界第一。预计 2020 年我国排放量将相当于美、欧、日排放之和,2030 年将相当于全部 OECD 国家排放总和,气候变化国际谈判中面临更大压力。煤利用中造成环境污染的主要污染物之一:硫,在燃烧过程中转化为二氧化硫,排入大气后会引起酸雨,造成环境污染,大气污染造成的经济损失占我国 GDP 的 3%～7%。控制硫的排放是目前煤利用过程中亟待解决的主要问题之一。为了使煤炭利用洁净化,多年来许多学者都对煤中硫的成因、存在形式、转化和剔除方法等进行了研究。硫在煤中存在形式多种多样,硫的有机化合物是煤中硫存在的重要形式,由于煤利用过程中或煤分选过程中,有机硫很难脱除,通常会在煤燃烧过程中产生有害物质释放,为了解煤中有机硫化合物的基本特征,对中国煤中硫研究资料进行了全面分析总结,在对山西煤田煤中的含硫有机化合物进行提取分析基础上,用密度泛函理论知识研究全煤局部模型及煤中有机含硫化合物的特性,用量子化学和分子反应动力学的方法对精煤中含硫有机化合物在外电场作用下脱硫机理进行理论研究。同时利用微波对新峪煤进行微波脱硫实验研究,对比理论分析及实验结果得到外场作用下脱硫机理,为今后在工业上对高硫煤中硫的脱除和燃烧过程中硫的污染控制提供了科学论据,为环境保护和人类生活环境健康发展奠定基础,同时也为社会的协调发展、建设和谐社会环境提供了一定的理论依据。

1.2　国内外研究概况及发展趋势

　　煤中的硫主要是以黄铁矿硫、有机硫和硫酸盐硫存在,其中又以前两种为主。由于元素硫易氧化,所以在开采出的煤中较难发现该元素,而且一般的常规方法较难测出。黄铁矿硫和硫酸盐硫通常可用分选法除去,而有机硫特别是含硫的多环芳烃(PASH)较难剔除。目前国内外对煤中含硫有机化合物的研究主要集中在其赋存状态、地质成因及总量测定三方面[1-4]。随着人们环境意识的增强,燃煤脱硫技术的研究已引起了高度重视,目前,控制 SO_2 污染主要有三个途径:① 燃烧前的脱硫;② 燃烧过程(中)脱硫;③ 燃烧后脱硫。Soleimani

等采用生物脱硫方法脱除化石燃料中的有机硫[5]，Hong-Xi Zhang 等利用电化学法降低高硫煤中的硫成分[6-7]。煤的热解脱硫是煤的燃前脱硫技术的一种，它通过一定条件下煤的热解或部分气化煤中硫以挥发形式逸出，而产生可直接用于燃烧的低硫半焦，同时又可得到部分油品[8-13]。微波脱硫及超声波脱硫方法现在被广大科研工作者关注并广泛应用于研究工作[14-27]，但大部分是集中于考察不同煤种、粒径、试剂种类以及微波辐射条件对脱硫效果的影响，对于微波脱硫的机理到目前无人彻底研究清楚。T. Maffei 等总结分析了目前各国煤脱硫的各种理论及实验方法[28]。物理学史上著名的测不准原理和薛定谔方程标志着量子力学的诞生，使人们认识到可以用量子力学原理讨论分子结构问题，从而逐渐形成了量子力学与化学相互结合的交叉学科——量子化学，建立和发展了三种化学键理论（价键理论、配位场理论和分子轨道理论）以及分子间相互作用的有关理论。在化学键理论基础上，又建立和发展了量化计算方法，其中有严格计算的从头算方法、半经验计算的方法以及价键法等。量子化学理论中密度泛函理论（DFT）是一种研究多电子体系电子结构的量子力学方法。当前密度泛函理论在各领域的应用研究很广泛[29-40]，利用密度泛函理论对煤中含硫化合物的解离过程进行理论分析也取得了一定的成效[41-46]。如王宝俊等利用 DFT 方法研究了煤中噻吩类含硫化合物解离机制，得到了最好的硫降解途径[41]；华中科技大学黄充[10]等采用 Gaussian98 量子化学计算软件，使用密度泛函 B3LYP 方法，在 6-31G(d)基组水平上对三种非噻吩性有机硫模型化合物进行计算；对噻吩型有机硫进行了合理的简化，噻吩型有机硫在释放过程中会产生两类噻吩自由基，对两类自由基进行了计算。根据计算结果可知它们的热稳定性为噻吩 B 自由基＞噻吩 A 自由基＞二甲基硫醚＞苯硫醇＞二甲基二硫醚。利用分子力学方法可计算庞大与复杂分子的稳定构象、热力学特性及振动光谱等[47]。此方法比量子力学简便且计算速度快，其结果可与量子力学相媲美。因此该方法被广泛应用于药物、团簇、生物大分子的研究。分子力学最重要的是找出体系分子势能最低的构象，即最稳定的构象，寻找势能最低点的过程称为能量最小化。Daniel Van Niekerk 等对南非煤结构进行了分子动力学模拟计算分析[48]。量子化学计算方法在煤化学中的应用，已逐步深入到探索煤的结构与反应性之间的关系，结合实验将逐渐形成一个新的研究方向。有机硫脱除难，目前对于外能量场作用下有机硫脱除机理缺乏研究。

1.3　文献综述

煤炭作为我国的主要能量来源，在我国的经济发展中占据十分重要的地位。在煤炭的转化和利用过程之中，煤中的硫和氮在煤炭燃烧过程中释放出的 SO_2 和 NO_x 等给全球带来了严重的大气环境污染。尤其是气化煤气在与热解煤气共制合成气时，含硫的化合物进入后续工艺过程会造成催化剂中毒、设备腐蚀等多种不好的影响，直接影响最终产物的质量和产率。因此煤的洁净加工和综合利用一直是能源发展战略中的重要课题之一。近年来，我国对煤洁净技术等相关基础研究给予了大力支持，由于煤洁净技术的基础研究必须建立在对煤炭加工和利用过程中的化学变化有充分认识的基础上，因此煤化学基础理论的研究也就愈来愈受到广大研究者的重视。

目前煤化学的基础研究主要集中在[49]：从分子水平上描述和鉴别煤的化学结构的参

数、煤中各种化学键和有害组分的存在的形态；煤热解产物与其他物质（催化剂、反应气氛等）的相互作用及反应控制理论的研究；煤炭转化产物中烟气净化及污染物的脱除方法等方面的研究。

随着量子化学研究的进一步发展，煤化学的基础研究也由原来单纯的基础实验研究逐步深入到从分子水平上认识性能与煤结构之间关系的研究以及煤化工过程中分子之间的相互作用等研究。而煤化学基础研究最终涉及的就是对煤中元素的转化、释放和迁移等方面的研究。因此从原子、分子水平上深入了解煤降解过程中硫的迁移规律，对提高煤中有机硫的脱除具有重要的指导意义。尤其是通过研究煤中有机硫的迁移，我们可以充分认识煤中污染物的化学形态及其在降解、利用过程中化学结构的变化、发展等，从而进一步完善煤炭结构理论知识和科学技术中的硫化学理论研究。

1.3.1　煤中的硫的形态及其在煤降解过程中的迁移

煤的所有组成元素中，氢、氧、碳、氮和硫等构成了煤中的有机质。相对于发热量的主要来源元素氧、氢、碳，氮和硫的含量比较少，但它们对煤炭在利用、加工过程中却有着比较重大的影响。

1.3.1.1　煤中硫的赋存形态

目前，各种仪器分析法，如 X 射线光电子能谱法（XPS）、核磁共振（NMR）和傅立叶变换红外光谱（FTIR）等都可对煤中的氮、氧和硫的存在形态进行分析。

煤中的硫通常以无机硫和有机硫的状态形式存在。煤中无机硫主要来源于少量的硫酸盐硫和硫化物硫，偶尔也会以单质硫状态存在。硫化物硫以黄铁矿为主，多呈分散状存在于煤炭中。硫酸盐硫以石膏为主，也有少量硫酸亚铁等。而煤中的有机硫约占整个硫含量的30%～50%[50]，按结构可以分为杂环族硫、芳香族硫和脂肪族硫三类，包括硫醇、硫醚、噻吩等[51]。Gorbatz 等[52]和 Brown 等[53]采用 X 射线吸收近边结构法（XANES）和 XPS 对 Rasa 煤中有机硫进行了检测分析，结果表明 Rasa 煤中含有 70% 的噻吩类硫和 30%（摩尔百分数）的硫醚类硫。朱子彬等[54]采用 XPS 方法对中国的 7 种煤质进行了分析，在谱图中得到有些峰值，其峰值位置分别在 164.1～164.5 eV 和 163.1～163.5 eV 两处，前者对应的是噻吩类硫，后者对应的是脂肪类硫。孙成功等[55]利用程序升温法（TPR）研究煤中有机硫的结构形态，得到结果为：在褐煤中主要以芳香族、脂肪族硫化物为主，而在烟煤中主要以噻吩硫为主，并初步认为煤中有机硫结构形态随煤变质程度的变迁呈较强的连续递变的关系。总的来说，褐煤中的硫是以硫醇和脂肪族硫醚为主，而在烟煤中以噻吩环（主要是二苯并噻吩）为主[56]。在中等变质程度烟煤中，脂肪硫、芳香硫、噻吩硫三者的质量比约为 2∶3∶5[57]。

1.3.1.2　煤降解过程中硫的迁移规律

煤的降解过程与煤的结构和组成密切相关，通过对煤炭降解产物的分析可以获得煤结构的相关信息，进而可以建立煤分子结构模型；煤的降解是煤燃烧、气化和液化等过程的开始，也是煤炭的利用、洁净技术的基础。研究煤降解过程中硫的迁移规律，可以为煤的洁净利用技术提供理论基础。目前，实验中采用各种分析方法对煤降解过程中的降解产物以及中间体进行了研究，并对硫的可能迁移机理进行了相应的分析。

煤中的硫在降解后产物分布于焦、气相和焦油中,气相中主要以 H_2S、COS、CS_2 和 SO_2 等的形式存在,其中 H_2S 的含量最高。有研究者[58]认为低阶煤中不稳定的有机硫基团部分如脂肪类硫、二硫化物和硫醇在 $700\sim850$ ℃之间反应生成 H_2S,噻吩类的有机硫在 950 ℃时转化形成 H_2S,芳香类有机硫则在 900 ℃生成 H_2S。Kelemen 等[59]通过升温程序热解实验,并比较分析活化能得出:400 ℃以下 H_2S 的释放来源于脂肪族硫化物的热分解过程,而 $400\sim700$ ℃范围内 H_2S 的释放则来自于芳香族硫的分解过程。虽然他们认为 H_2S 的产生温度范围是不同的,但是总的来说,芳香族硫化物产生 H_2S 要比脂肪族硫化物通过更难的分解过程。

目前,通过实验能够用不同方法检测到煤中硫的官能团存在的形式,并且能够得到煤降解后气相中、固相中或液相中含硫产物的情况,其中气相中的含硫物质易经氧化后变成 SO_2 而对环境造成污染。目前由于煤分子结构和空间构型的复杂性,对煤降解过程中硫的迁移转化的研究受诸多因素的控制[57],对煤降解生成气态小分子物质的过程的了解还不是很深入,从而确定出煤降解的反应速率和降解机理也是比较困难的。

近年来,随着计算机技术的进步以及量子化学理论研究的发展,量子化学计算方法已经逐步成为一种研究煤炭降解反应性的重要手段和方法。

1.3.2 煤降解过程中量子化学计算方法的应用

通过各种分析仪器和实验手段的应用为了解煤的降解过程和降解产物等提供了可能。但是,根据降解反应产物等信息来推断降解过程情况遇到了很多困难,一些关键的动力学和热力学数据的缺乏使我们不能深入地了解煤炭降解过程中的反应机理。近些年来的研究表明,量子化学计算方法对于煤的结构、物理性质、反应活性和反应机理等都能够提供系统而可信的解释并可以作出一些指导实践的预测性分析,比较方便地使得化学反应的研究从原子、分子水平进入到反应机理层次方面的研究[60]。研究者在对煤结构模型进行筛选分析的基础上,对煤的有代表性的小分子模型化合物及大分子结构模型从量子化学的角度对它们的微观结构参数进行了计算分析,从而可以在煤降解时了解不同化学键的性质。

煤的降解首先是一个自由基形成的过程,引发于分子内部结构中的弱键,如次甲基键、醚键或杂原子键等。通过量子化学计算方法得到的煤分子结构的键角、键长、裂解能等参数和对煤降解机理进行验证和预测等工作,前人已取得了一些研究成果。

孙庆雷等[61]通过半经验量子化学方法和分子力学计算方法对神木煤显微组分的分子结构模型进行了研究分析,比较了不同类型的键长、惰质组和镜质组的能量构成和裂解能,所得结果是氧与芳香碳形成的醚键的裂解能高于氧与脂肪碳之间的醚键。而惰质组结构模型中除 C—O 醚键外,其他各键的裂解能均高于镜质组,镜质组的热稳定性比惰质组低。侯新娟[62]等采用半经验和从头算等量子化学计算方法对 Shinn 构建的片断烟煤模型的计算说明:煤分子无论是热解还是加氢裂解,所包含的苯环很难发生键的氢饱和或断裂。烟煤中的 C—C、C—O、C—N 和 C—S 单键相对来说是弱键,降解时比较容易断裂生成甲烷、乙烷等小分子物质。

通过大分子模型的计算,为我们了解煤中的脂肪 C—C 键、芳香 C—C 键以及 C—O 醚键的稳定性等提供了重要的信息。

1.3.3　量子化学计算方法在模型化合物降解中的应用

对于模型化合物降解机理的研究,仅采用实验拟合和动力学测定的方法,遇到了许多困难。在实际工作中常常采用过于粗糙的估算和类比方法。例如,采用苄基和甲基的生成热的差来估算 2-甲基吡啶与 2-甲基吡啶自由基的生成热的值[63]。目前这些问题可以通过量子化学计算方法来解决,可以从电子、分子水平上对这些模型化合物的降解机理进行深入的分析和讨论。

利用量子化学计算方法在有机含硫物质的降解机理方面的研究,使得人们能够更深入地了解煤中含硫物质 H_2S、CS 等在降解过程中的释放。

在煤中的有机硫成分中噻吩为煤降解中最难脱除的有机硫[64]。黄充等[10]对降解过程中形成的两类噻吩自由基进行了量子化学计算,并对它们的降解机理采用密度泛函理论方法进行了研究,通过对化学键的 Mulliken 电荷布局数等计算结果的分析,分别得到了自由基的降解途径。计算结果说明:噻吩降解过程 C—S 键是引发键,最终降解产物为乙炔,含硫部分则较易于与氢自由基结合,以 H_2S 的形式逸出,这和实验中观察到的现象是一致的[65-66]。但是目前关于噻吩在外电场作用下降解生成 H_2S 的详细的动力学,以及在外电场作用下最优的反应路径的选择等未见报道。

1.3.4　煤降解及脱硫反应最优路径的确定

无论是对于降解反应机理还是 H_2S 脱除反应机理的研究,首先都是根据实验方法提供的产物、中间体等信息拟定反应路径,对反应路径中的各基元反应进行计算,然后再根据各基元反应提供的动力学和微观结构等信息,得到整个反应路径的动力学信息,从而得出反应中的决速步骤以及最优反应路径。反应的决速步骤即反应速度最慢的基元反应,一般也是活化能垒最高的步骤。对于判定关于一个化学反应中可能存在的几条反应路径中的哪个是最优路径,目前有两种观点:一是通过比较各反应路径中最大能量物种之间的能量关系来判定,因此这种方法称为"相对最大能量比较法";二是根据比较各路径中的决速步骤所需活化能的大小来判定,即最优反应路径是决速步骤所需活化能最小的路径,在这里称为"决速步骤活化能比较法"。通过势能剖面图一般都可以展示各物种相对于反应物的相对能量,从图中可以很清晰地看到每条路径所经历的最高能量点,最高能量点相对较小的路径即为最优反应路径。有些反应路径无论采用上述哪一种方法,得到的分析结果都一样,而有些则会获得相反的结论。很难给出一个判定最优路径的确切依据,到底是两种方法都合理?还是哪一种方法更合理?通过阅读大量的文献和对不同的情况进行总结分析,对于不同的计算体系应该采取不同的方法。

我们的研究中的反应情况主要为单分子在外电场作用下的降解机理。对于单分子的降解,由于降解反应过程中热量损失较小且升温速率快等特点,其在某一温度下的反应体系可以看成一个绝热的系统来研究。而在反应过程中,当达到一定的温度时,中间体或反应物会获得足够的能量而发生分解,反应物的能量一般都比中间体的能量要低,中间体相对于反应物不稳定,因此存在的几率更小,针对这种情况,应该根据"相对最大能量比较法"来判定,通过比较各反应路径中最大能量物种之间的能量关系,得到路径中的各中间体、过渡态的能量相对比较小,这样才是最优的选择路径。

1.4 立项背景、研究目的和研究内容

硫是煤炭中主要的杂原子,相对于煤中的主要元素碳和氢来说,煤中硫在利用过程中释放出的 SO_2 等则是造成工艺问题和环境污染的主要因素。尤其是降解煤气中的含硫物质,会对后续工艺造成管道和设备的腐蚀,可能引起催化剂的失活和中毒,直接影响最终产品的质量和收率。因此,了解煤中含硫化合物的脱除过程的反应机理以及硫在降解过程中的迁移,能够更加深入地了解煤降解过程中杂原子的赋存、转化以及有关重要工艺过程本质。基于上述分析,以国家重点基础研究"973"项目"低品质煤大规模提质利用的基础研究"中"煤中含硫组分对微波的物理化学响应与脱除"为研究基础和背景,构建、研究并掌握煤中含硫模型化合物在不同外电场作用下性能变化情况;研究在外电场作用下含硫模型化合物断裂降解规律;掌握高硫煤在外场作用下脱硫机理。

有机硫存在于煤有机分子结构中,由于煤有机结构的复杂性,目前对煤中有机硫的研究主要关注含硫官能团的辨识以及在利用过程中硫的化学变迁。煤中有机硫定向脱除的关键是深入认识各种含硫组分及含硫化学结构与基团在煤有机质中的赋存规律,阐明煤有机结构与相应含硫基团和结构间的作用类型与作用规律,解析典型有机含硫组分的化学结构、硫键和相关结构对不同形式的外加能量的化学物理响应规律,从而找到有机硫的脱除机理和方法。

对于脱除有机硫的过程,利用量子化学方法,通过煤中含硫化学结构相关计算预测弱键位置和脱硫的可能性,研究含硫结构对外加能量场的响应、脱硫过程的可能途径与机理,为外场作用下脱硫提供理论依据。

本书具体的研究内容包含以下几方面:

(1)利用元素分析和煤全组分分离实验得到新峪煤含硫化合物类型。

(2)利用实验分析结果构建新峪煤中含硫模型化合物及新峪煤局部结构模型。

(3)利用分子力学和分子动力学模拟对新峪煤及其中的含硫模型化合物进行能量最小化优化结构处理。

(4)利用半经验量子化学计算方法研究新峪煤及含硫有机化合物的反应活性。

(5)采用密度泛函的方法对新峪煤中的含硫模型化合物的性能进行计算。

(6)选择一系列含硫模型化合物作为研究对象开展了电磁特性的实验研究和利用量子化学计算方法对研究对象进行了在不同外电场作用下性能变化研究。

(7)选择合适的模型化合物作为研究对象,利用量子化学分子动力学的研究方法对噻吩在外电场作用下降解生成 H_2S 途径进行了研究。

(8)结合新峪煤微波脱硫实验、含硫模型化合物电磁特性实验及含硫模型化合物性能对外电场和温度场的响应情况,对外场作用下脱硫机理进行了分析。

2 理 论 基 础

2.1 引言

随着 20 世纪量子力学的快速发展,几乎分子的一切性质,如结构、构象、偶极矩、游离能、电子亲和力、电子密度等,都可由量子力学计算获得,计算与实验的结果往往相当吻合,并且由分析计算的结果可得到一些实验无法获得的资料。与实验相比较,利用计算机计算研究化学有下列几项优点:① 降低成本;② 增加安全性;③ 可研究极快速的反应或变化;④ 得到较佳的准确度;⑤ 增进对问题的了解。基于这些原因,分子的量子力学计算自 1970年后逐渐受到重视。利用计算先行了解分子的特性,已经成为合成化学家和药物设计家所依赖的重要方法。借此可设计出最佳的反应途径,预测合成的可能性,并评估所欲合成分子的适用性,从而节省许多时间和材料。以欧美的许多大型药厂为例,在采用计算前,合成新药的成功率为 17%～20%,但自 1980 年后,由于在合成前先利用计算预测,其成功率已提高至 50%～60%。目前化学的各个领域都将计算视为不可缺少的工具,而且,计算效果正随着方法的改良与计算机的发展迅速提高。

量子力学是以分子中电子的非定域化为基础,一切电子的行为可用其波函数表示。根据海森伯的测不准原理,量子力学可以计算区间内电子出现的几率,其几率正比于波函数绝对值的平方。欲得到电子的波函数,则需要解薛定谔方程式。由于原子与分子中含有许多电子(原子序数愈大,电子数愈多),解此方程式并不是件容易的事。最为普遍的量子力学计算方法为从头算计算方法,这种分子轨域计算方法,利用变分原理,将系统电子的波函数展开为原子轨域波函数的组合,而原子轨域的波函数又是一些特定数学函数(如高斯函数)的组合。这种计算方法虽然精确,却很缓慢,所能计算的系统也极为有限,通常不超过 100 个原子。为了增进量子力学计算法的效益,自 1960 年起,陆续发展出一些较为简便的量子力学计算方法。这些方法多引用一些实验值作为参数,以取代计算真正的积分项部分。这样的计算称为半经验分子轨域计算方法。半经验分子轨域计算方法有许多类型,各有其优点及缺点,使用时需视实际情况而用。利用半经验分子轨域方法可计算较大的分子体系,其计算结果往往和精确的量子力学计算方法一致。但即使利用半经验方法和最先进的计算机技术(如平行化处理,计算机团簇等),目前所能解的量子系统实际上不超过 1 000 个电子。如今,科学家们一方面致力于改进量子计算的方法和增进其精准度,如 1999 年诺贝尔物理奖所颁予的密度泛函理论,即为非常精确的量子计算方法。另一方面,科学家们积极研究提升计算机的计算速度,期望计算较多电子的分子体系。由上可知,量子力学的方法适用于简单的分子,或电子数量较少的体系。但自然界与工业上的许多系统,譬如生化分子(蛋白质、核酸、酵素等)、聚合物(油类分子、橡胶、脂肪、安全玻璃)等均含有大量数目的原子和电子。此外,如聚合物材料、浓稠溶液、金属材料、纳米材料、固态混合物等系统,需要了解单一分子的性质和分子间的交互作用,最重要的是了解整个系统的各种集合的性质。像这样复杂的体系,因其电子数目过多,而且往往需要得到热力学与动态的性质,迄今仍不可能完全依赖量子力学计算。针对庞大体系,科学家们从 1960 年前后开始着手研究各种可行的非量子力学计算方法。

分子力学方法大约起源于 1970 年,是以经典力学为依据的计算方法。此种方法主要是根据分子的力场情况,依照玻恩—奥本海默近似原理,计算中将电子的运动情况忽略,而将系统的能量视为原子核位置的函数。分子的力场中含有许多参数,这些参数可由量子力学计算或实验方法得到。利用分子力学方法可计算庞大复杂分子的稳定构象、热力学特性及振动光谱等资料。与量子力学方法相比较,此方法要简便得多;而且,往往可快速得到分子的各种性质。某些情形下,由分子力学方法所得的结果几乎与高阶量子力学方法所得的结果是一致的,但其所需计算时间却远远小于量子力学计算的时间。分子力学方法常被引用于团簇体、药物、生化等分子的研究。最早对庞大体系采用非量子计算的方法为蒙特卡罗计算法。蒙特卡罗计算法借由系统中质点(原子或分子)的随机运动,结合统计力学的几率分配原理,以得到体系的统计及热力学资料。此计算方法至今仍然常被采用研究复杂体系的结构及其相变化的性质。蒙特卡罗计算法的缺点在于只能计算统计的平均值,而无法得到系统的动态信息。此计算所依据的随机运动并不与物理学的运动原理相符合,另外,与其他的非量子计算方法相比较也不是特别快速经济,因此,自分子力学方法逐渐盛行后,此计算方法已较少为人们所采用。

分子动力模拟是时下最广泛为人们所采用的计算庞大复杂体系的方法。自 1970 年,分子力学迅速发展,系统地建立了许多适用于生化分子体系、金属、聚合物和非金属材料的力场,使得计算复杂体系的结构与一些热力学和光谱性质的精确性及能力很大提升。分子动力模拟是应用这些力场和根据牛顿运动力学原理所发展的计算方法。其优点在于体系中粒子的运动有正确的物理依据,精准性高,可同时获得系统的热力学与动态统计资料,并可广泛地适用于各种系统及各类特性的研究。分子动力模拟的计算技巧经过很多改进,现已日趋成熟。由于其计算能力强,能满足各类问题的要求,许多方便适用的分子动力仿真化计算软件也已问世。在先进国家的工厂、学校、医院等的实验室里,这些商业化的计算软件已成为不可缺少的重要研究工具。还有一种与分子动力模拟类似的计算方法是布朗动力模拟。布朗动力模拟适用于大分子的溶液系统,计算中,将大分子的运动分为依力场作用的运动和来自溶剂分子的随机力作用。利用解布朗运动方程式可得到大分子运动的轨迹及一些统计和热力的性质。布朗动力模拟一般适用于计算生化分子的水溶液。此计算的优点在于能够计算大分子于较长时间范围内的运动,其缺点则为将溶剂分子的运动视为布朗运动粒子的假设未必正确。

如今,从事计算化学或物理的科学家们,正致力于将量子计算与各种经典力学的模拟计算方法结合的研究,期望能够提高其精准性,扩大其应用范围。另外,发展高速计算能力的工作站或应用个人计算机提升计算速度与资料的储存量,也是增进计算能力的方法。可预期的是,随着不断提升计算能力和扩大计算体系,计算定将成为主要的研究方法之一。

2.2　量子化学计算的基本原理和方法

2.2.1　Schrodinger 方程与基本近似条件

描述微观体系在定态下运动规律的 Schrodinger 方程的表达式为：

$$\hat{H}\psi = E\psi \tag{2-1}$$

$$\hat{H} = \hat{T} + \hat{V} \tag{2-2}$$

方程(2-1)是一种典型的本征方程表达式，式中 $\hat{H}$ 称为 Hamilton 算符，是对应于体系能量的偏微分算符，由势能项算符 $\hat{V}$ 和动能项算符 $\hat{T}$ 构成。ψ 是描述体系定态的状态波函数，它是体系中粒子位置坐标 (x,y,z) 和自旋坐标 (s) 的函数。可以认为波函数 ψ 中蕴含了体系所有的微观性质，但是它们之间的具体联系我们仍然没有完全了解。所谓定态是指几率密度 $|\psi|^2$ 不随时间变化的情况，包括煤结构与反应性在内的一般化学问题，都属于这种情况。E 表示体系处于定态 ψ 下对应的能量，是求解本征方程而得到的本征值。对于单粒子体系

$$\hat{T} = -\frac{\hbar^2}{2m}\nabla^2$$
$$\hat{V} = V(x,y,z) \tag{2-3}$$

式中，$\hbar \equiv \frac{h}{2\pi}$，$h$ 为 Planck 常数 $(6.626\,075\,5 \times 10^{-34}\text{ J·s})$；$m$ 为粒子的质量，kg；∇^2 为 Laplace 算符，$\nabla^2 \equiv \frac{\partial^2}{\partial x^2} + \frac{\partial^2}{\partial y^2} + \frac{\partial^2}{\partial z^2}$。

当分子体系属于多粒子体系时，其波函数 ψ 是体系中电子和核的位置坐标和自旋坐标的函数。动能项算符 $\hat{T}$ 为所有粒子(核和电子)的动能项之和，而势能项算符代表带电粒子之间的 Coulomb 作用，即

$$\hat{T} = -\sum_I \frac{\hbar^2}{2M_I}\nabla_I^2 - \sum_i \frac{\hbar^2}{2M_i}\nabla_i^2$$
$$\hat{V} = -\sum_i\sum_I \frac{Z_I e^2}{r_{iI}} + \sum_i\sum_{j<i}\frac{e^2}{r_{ij}} + \sum_I\sum_{J<I}\frac{Z_I Z_J e^2}{r_{IJ}} \tag{2-4}$$

式中，r 为两粒子之间的距离，m；M_I 和 M_i 分别为核和电子的质量，kg；Z 为分子中核的电荷数，也就是原子序数；e 为基本电荷 $(1.602\,177\,23 \times 10^{-19}\text{C})$。动能项算符 $\hat{T}$ 中的第一项是核的动能，第二项是电子的动能。势能项算符 $\hat{V}$ 中的第一项为电子和核的 Coulomb 吸引作用，第二项为电子 Coulomb 互斥作用部分，第三项为核 Coulomb 互斥作用部分(i、j 代表电子，I、J 代表核)。

由于在分子体系中电子的运动速度很快，根据相对论知识说明其质量不是一个常数。忽略相对论效应，把电子的质量 m 视为其静止质量 $(9.109\,389\,7 \times 10^{-31}\text{ kg})$，可以简化所处理的问题，称作非相对论近似。实际上式(2-4)并不是分子体系严格的 Hamilton 算符，因

为它不仅没有考虑相对论效应,也没有考虑自旋与自旋、自旋与轨道之间的相互作用[67]。但是,由于这些被忽略的作用远小于 Coulomb 作用,从原则上来讲,应用它对 Shrodinger 方程(2-1)的求解可以获得对分子多电子体系中电子结构和相互作用的全部描述,从而可以了解分子体系的内在性质。

2.2.2 密度泛函理论

2.2.2.1 密度泛函理论的由来

从理论上,我们写出体系的哈密顿量,求解相应的薛定谔方程便可以精确地给出物质的性质。但是,面对多粒子体系诸如凝聚态物质、多原子分子这样的对象时,却因为波动方程太过复杂造成无论是从解析上还是数值计算上根本无法求解。于是,各种近似方法应运而生[68]。由波恩—奥本海默近似[69]我们首先可以写出多粒子(包括原子核和环绕在其周围的电子)系统的哈密顿量表达式:

$$H = -\sum_i \frac{\hbar^2}{2m} \nabla_i^2 - \sum_P \frac{\hbar^2}{2M} \nabla_P^2 - \sum_i \sum_P \frac{z_P e^2}{r_{iP}} + \frac{1}{2} \sum_{i \neq j} \frac{e^2}{r_{ij}} + \frac{1}{2} \sum_{P \neq q} \frac{Z_P Z_q e^2}{r_{Pq}} \quad (2-5)$$

式中第一项为电子动能项 T_e,第二项为原子核动能项 T_N,第三项为原子核和电子之间的库仑相互作用势 V_{eN},第四项为电子之间的库仑相互作用势 V_{ee},第五项为原子核之间的库仑相互作用势 V_{NN},可以得到多粒子体系的波动方程:

$$(T_N + T_e + V_{NN} + V_{ee} + V_{eN})\psi = i\hbar \frac{\partial \psi}{\partial t} \quad (2-6)$$

因为在这个方程中,原子核自由度和电子自由度耦合在一起,传统的波动函数解决方法即分离变量法无法实施,从而方程无法得到精确解。而波恩—奥本海默近似认为电子的运动速度远远快于原子核的运动,即:在分析电子的运动状态时,原子核可以认为是相对静止的。从数学上说,就是可以将原子核的自由度考虑成参考量,从而分离出来而单独处理电子的运动方程。这样就可以将体系的波函数看成是电子总波函数和原子核总波函数的乘积:

$$\psi(\vec{r}, \vec{R}) = \chi(\vec{R})\psi(\vec{r}, \vec{R}) \quad (2-7)$$

从而实现了分离变量。哈特—福特近似(Hartree-Fock approximation)[70]将原子核自由度和电子自由度分离后,由于体系的薛定谔方程包含了所有电子的自由度,依然不可求精确解。于是,就有了哈特—福特近似,考虑到电子的费米子特性,将电子的波函数写成 Slater 行列式形式,即:

$$\psi = \frac{1}{\sqrt{N!}} \begin{vmatrix} \varphi_1(q_1) \varphi_1(q_2) \cdots \varphi_1(q_N) \\ \varphi_2(q_1) \varphi_2(q_2) \cdots \varphi_2(q_N) \\ \vdots \\ \varphi_N(q_1) \varphi_N(q_2) \cdots \varphi_N(q_N) \end{vmatrix} \quad (2-8)$$

其中 N 表示体系中包含的 N 个电子,并且各个电子的波函数满足正交归一化条件:

$$\int \varphi_i^*(q) \varphi_j(q) \mathrm{d}q = \delta_{ij} \quad (2-9)$$

对体系求能量平均值可得:

$$E = \langle \psi \mid H \mid \psi \rangle = \int \psi^* H\psi \mathrm{d}q_1 \mathrm{d}q_2 \cdots \mathrm{d}q_N \tag{2-10}$$

考虑到各个电子波函数的正交归一化特性,我们得到:

$$E = \sum_i \int \varphi_i^*(q_1) H\varphi_i(q_1)\mathrm{d}q_1 + \frac{1}{2}\sum_{i,j}\int \frac{e^2 \mid \varphi_i(q_1)\mid^2 \mid \varphi_j(q_2)\mid^2}{\mid \vec{r}_1 - \vec{r}_2 \mid}\mathrm{d}q_1\mathrm{d}q_2 -$$
$$\frac{1}{2}\sum_{i,j}\int \frac{e^2 \varphi_i^*(q_1)\varphi_i(q_2)\varphi_j^*(q_2)\varphi_j(q_1)}{\mid \vec{r}_1 - \vec{r}_2 \mid}\mathrm{d}q_1\mathrm{d}q_2 \tag{2-11}$$

其中第一项是各个电子的本征能量,后两项是电子之间相互作用能。采用变分方法,通过引入一个不定因子 λ_{ij},再由

$$\delta\Big[E - \sum_{i,j}\lambda_{ij}(\langle \varphi_i \mid \varphi_j \rangle) - \delta_{ij}\Big] = 0 \tag{2-12}$$

对波函数做对角变换 $\lambda_{ij} = \varepsilon_i \delta_{ij}$,则可以将体系波动方程简化为:

$$H_1\varphi_j(q_1) + \sum_{i \neq j}\int \frac{e^2 \mid \varphi_i(q_2)\mid^2}{\mid \vec{r}_1 - \vec{r}_2 \mid}\mathrm{d}q_2\varphi_j(q_1) - \sum_{i \neq j}\int \frac{e^2 \varphi_i^*(q_2)\varphi_j(q_2)}{\mid \vec{r}_1 - \vec{r}_2 \mid}\mathrm{d}q_2\varphi_i(q_1) = \varepsilon_j\varphi_j(q_1) \tag{2-13}$$

如果不考虑电子的轨道和自旋的耦合,即 $\varphi_j(q_1) = \varphi_j(\vec{r}_1)s(\delta_1)$,再由

$$H_1 = -\frac{\hbar^2}{2m}\nabla_1^2 + V_1(\vec{r}_1) = H_2 = \cdots = H_i = -\frac{\hbar^2}{2m}\nabla^2 + V_1(\vec{r})$$

就得到了哈特—福特方程:

$$\Big[-\frac{\hbar^2}{2m}\nabla^2 + V(\vec{r}) + \sum_i\int \frac{e^2 \mid \varphi_i(\vec{r}')\mid^2}{\mid \vec{r} - \vec{r}' \mid}\mathrm{d}\vec{r}'\Big]\varphi_j(\vec{r}) - \sum_{i,jj}\int \frac{e^2 \varphi_i^*(\vec{r}')\varphi_j(\vec{r}')}{\mid \vec{r} - \vec{r}' \mid}\mathrm{d}\vec{r}'\varphi_i(\vec{r}) = \varepsilon_j\varphi_j(\vec{r}) \tag{2-14}$$

这样总的电荷密度可以表示成单电子的电荷密度之和:

$$\rho(\vec{r}) = \sum_i^{occ} \mid \varphi_i(\vec{r})\mid^2 \tag{2-15}$$

这样做会多出一部分叫作非定域交换电荷密度,表示为:

$$\rho_j^{HF}(\vec{r},\vec{r}) = \sum_{i,jj}^{occ} \frac{\varphi_i^*(\vec{r})\varphi_j(\vec{r})\varphi_j^*(\vec{r})\varphi_i(\vec{r})}{\mid \varphi_j(\vec{r})\mid^2} \tag{2-16}$$

这样就可以得到:

$$\Big[-\frac{\hbar^2}{2m}\nabla^2 + V(\vec{r}) + e^2\int \frac{\rho(\vec{r}') - \rho_j^{HF}(\vec{r},\vec{r}')}{\mid \vec{r} - \vec{r}' \mid}\mathrm{d}\vec{r}\Big]\varphi_j(\vec{r}) = \varepsilon_j\varphi_j(\vec{r}) \tag{2-17}$$

再利用 Slater 行列式,可将非定域交换电荷密度表示为:

$$\rho_{av}^{HF}(\vec{r},\vec{r}') = \frac{\sum_j \mid \varphi_j^*(\vec{r})\mid^2 \rho_j^{HF}(\vec{r},\vec{r}')}{\sum_j \mid \varphi_j(\vec{r})\mid^2} = \frac{\sum_{ij,ll}^{occ}\varphi_i^*(\vec{r}')\varphi_j(\vec{r}')\varphi_j^*(\vec{r})\varphi_i(\vec{r})}{\sum_j \mid \varphi_j(\vec{r})\mid^2} \tag{2-18}$$

就可以得到 Hartree-Fock-Slater 方程:

$$\Big[-\frac{\hbar^2}{2m}\nabla^2 + V(\vec{r}) + V_{ee}(\vec{r}) + V_{eX}(\vec{r})\Big]\varphi_j(\vec{r}) = \varepsilon_j\varphi_j(\vec{r}) \tag{2-19}$$

其中，$V_{æ}(\vec{r}) = \int \frac{e^2 \rho(\vec{r'})}{|\vec{r} - \vec{r'}|} d\vec{r'}$ 代表的是单电子在多粒子体系中受到的平均库仑势，$V_{ex}(\vec{r})$

$= \int \frac{e^2 \rho_{av}(\vec{r'}, \vec{r'})}{|\vec{r} - \vec{r'}|} d\vec{r'}$ 代表的是定域交换势。最后，可以将 Hartree-Fock-Slater 方程简化为带

有效势场的、在数学上可精确求解的单电子方程：

$$\begin{cases} \left[-\frac{h^2}{2m}\nabla^2 + V_{eff}(\vec{r}) \right] \varphi_i(\vec{r}) = \varepsilon_i \varphi_i(\vec{r}) \\ V_{eff}(\vec{r}) = V(\vec{r}) + V_{æ}(\vec{r}) + V_{ex}(\vec{r}) \end{cases} \tag{2-20}$$

在哈特—福特近似中，忽略了多粒子体系中的关联能修正项，因此会造成一定的误差。但这并不影响哈特—福特方程在量子化学中的广泛应用。可以说哈特—福特方程是现在量子化学计算的基础。

2.2.2.2 密度泛函理论基本原理

在哈特—福特方程的基础上，再借鉴了 Feimi 自由电子气体理论，诞生了密度泛函理论。

2.2.2.2.1 Thomas-Feimi 模型[71]

1927 年，Thomas 和 Fermi 两人提出一种可以近似描述原子中电子电荷分布的方法[72-73]。考虑一个边长为 l 的立方体，其体积为 $\Delta V = l^3$，其中包含 ΔN 个电子，则电子能量可以写成：

$$E(n_x, n_y, n_z) = \frac{h^2}{8ml^2}(n_x^2 + n_y^2 + n_z^2) = \frac{h^2}{8ml^2}R^2 \tag{2-21}$$

其中总的量子态数为：

$$\varphi(\varepsilon) = \frac{1}{8}\left(\frac{4\pi}{3}R^3 \right) = \frac{\pi}{6}\left(\frac{8ml^2}{h^2} \right)^{\frac{3}{2}} \tag{2-22}$$

能级数在 $\varepsilon \sim \varepsilon + \delta\varepsilon$ 间可表示为：

$$g(\varepsilon)\Delta\varepsilon = \varphi(\varepsilon + \delta\varepsilon) - \varphi(\varepsilon) = \frac{\pi}{4}\left(\frac{8ml^2}{h^2} \right)^{\frac{3}{2}} \varepsilon^{\frac{1}{2}}\delta\varepsilon + o((\delta\varepsilon)^2) \tag{2-23}$$

其中 $g(\varepsilon)$ 代表态密度。这样，单位体积内的电子总能量可以表示为：

$$\Delta E = 2\int \varepsilon f(\varepsilon)g(\varepsilon)d\varepsilon = 4\pi \left(\frac{2m}{h^2} \right)^{\frac{3}{2}} l^3 \int_0^{E_F} \varepsilon^{\frac{3}{2}} d\varepsilon = \frac{8\pi}{5}\left(\frac{2m}{h^2} \right)^{\frac{3}{2}} l^3 E_F^{\frac{5}{2}} \tag{2-24}$$

其中 $f(\varepsilon) = \dfrac{1}{e^{\frac{(E-E_F)}{k_B}T} + 1}$ 是 Feimi-Dirac 分布。单位体积的电子数目可以表示为：

$$\Delta N = 2\int \varepsilon f(\varepsilon)g(\varepsilon)d\varepsilon = \frac{8\pi}{3}\left(\frac{2m}{h^2} \right)^{\frac{3}{2}} l^3 E_F^{\frac{3}{2}} \tag{2-25}$$

则单位体积内电子能量可以表示为：

$$\Delta E = \frac{3}{5}\Delta N E_F = \frac{3h^2}{10m}\left(\frac{3}{8\pi} \right)^{\frac{2}{3}} l^3 \left(\frac{\Delta N}{l^3} \right)^{\frac{5}{3}} \tag{2-26}$$

而电子密度可以表示为：

$$\rho = \frac{\Delta N}{l^3} = \frac{\Delta N}{V} \tag{2-27}$$

这样,就建立起电子动能和电子电荷密度之间的关系了。也就是:

$$T_{TF}[\rho] = \frac{3}{10}(3\pi^2)^{\frac{2}{3}} \int \rho^{\frac{5}{3}}(\vec{r}) d\vec{r} \tag{2-28}$$

则 Thomas-Feimi 的能量泛函公式就可以写成:

$$E_{TF}[\rho(\vec{r})] = C_F \int \rho^{\frac{5}{3}}(\vec{r}) d\vec{r} - Z \int \frac{\rho(\vec{r})}{|\vec{r}|} d\vec{r} + \frac{1}{2} \int \frac{\rho(\vec{r_1})\rho(\vec{r_2})}{|\vec{r_1} - \vec{r_2}|} d\vec{r_1} d\vec{r_2} \tag{2-29}$$

这个公式的意义就是将电子的能量用电子电荷密度函数表达出来了,而不是依赖于每一个电子的自由度,从而大大简化了计算。托马斯—费米气体模型的建立是密度泛函理论的一个必要条件。

2.2.2.2.2 密度泛函理论的两个基本原理

(1)全同费米子系统的基态能量,在不计自旋的情况下,是粒子数密度函数 $\rho(r)$ 的唯一泛函。

(2)在粒子数不变的情况下,能量泛函 $E[\rho]$ 对正确的粒子数密度函数可以取极小值,并且等于体系的基态能量。

2.2.2.2.3 Hohenberg-Kohn 定理

还是从多粒子体系的总哈密顿量出发,在体系拥有 N 个电子的情况下,并考虑外加电场,有:

$$\begin{aligned} H &= H_{\text{int}} + V_{\text{ext}} \\ H_{\text{int}} &= T + V_{ee} = \sum_i -\frac{\hbar^2}{2m}\nabla^2 + \frac{1}{2}\sum_{i \neq j}\frac{e^2}{|\vec{r_i} - \vec{r_j}|} \\ V_{\text{ext}} &= \sum_i V(\vec{r_i}) = \sum_i \int d^3 r V(\vec{r})\delta(\vec{r} - \vec{r_i}) \end{aligned} \tag{2-30}$$

其中,H_{int} 描述的是电子动能以及电子与电子之间的库仑作用;V_{ext} 描述的是电子之外的外场势。

Hohenberg-Kohn 定理的完整表述为:

定理一:多体系统中的每个电子的定域外势 $V(r)$ 与系统基态的电子数密度 $\rho(r)$ 之间存在着一一对应关系,即一个外势仅对应于一个电子基态密度。

定理二:在粒子数不变情况下,体系能量泛函对电子密度函数的变分就得到了系统基态的能量。

这样,体系能量就由电子电荷密度函数分布来唯一决定了。

2.2.2.2.4 科恩—沈吕九方程

想要得到体系电子电荷密度函数,先写出体系电子总的波函数:

$$\rho(\vec{r}) = \sum_i \varphi_i^*(\vec{r})\varphi_i(\vec{r}), i = 1, 2, \cdots, N \tag{2-31}$$

对于无相互作用的电子系统,其总电子密度是各个电子密度的简单加和,且总是存在与之对应的唯一外势。

将体系能量写成泛函形式为:

$$E[\rho,V] = T_0[\rho] + V_H[\rho] + E_{xx}[\rho] + \int \mathrm{d}^3 r V(\vec{r})\rho(\vec{r}) \tag{2-32}$$

其中

$$T_0[\rho] = \sum_i \mathrm{d}^3 r \varphi_i^*(\vec{r})\left(-\frac{\hbar^2}{2m}\nabla^2\right)\varphi_i(\vec{r}) = \sum_i \left\langle \varphi_i(\vec{r}) \left| -\frac{\hbar^2}{2m}\nabla^2 \right| \varphi_i(\vec{r}) \right\rangle \tag{2-33}$$

代表没有相互作用电子系统中电子的动能,也就是理想费米电子气的动能。

$$V_H[\rho] = \frac{1}{2}\int \mathrm{d}^3 r \mathrm{d}^3 r \rho(\vec{r})\frac{e^2}{|\vec{r}-\vec{r}'|}\rho(\vec{r}') = \frac{1}{2}\sum_{i,j}\left\langle \varphi_i\varphi_j \left| \frac{e^2}{r_{12}} \right| \varphi_i\varphi_j \right\rangle \tag{2-34}$$

而代表 Hohenberg-Kohn 近似中电子间的直接库仑作用势。再除去最后一项,即电子感受到的平均场所带来的势能后,剩下的这一部分,也是最为关键的一部分,我们称之为交换关联能,因为它描述电子的交换、关联效应所带来的能量。

交换关联能描述电子的多体效应。这样,体系能量泛函可以写成:

$$E[\rho,V] = \sum_i \left\langle \varphi_i \left| -\frac{\hbar^2}{2m}\nabla^2 + V(\vec{r}) \right| \varphi_i \right\rangle + \frac{1}{2}\sum_{i,j}\left\langle \varphi_i\varphi_j \left| \frac{e^2}{r_{ij}} \right| \varphi_i\varphi_j \right\rangle + E_{xx}[\rho] \tag{2-35}$$

由于体系总粒子数是守恒的,即:

$$N = \int \mathrm{d}^3 r \rho(\vec{r}) = \int \mathrm{d}^3 r \sum_i \varphi_i^*(\vec{r})\varphi_i(\vec{r}) \tag{2-36}$$

由 Hohenberg-Kohn 定理,系统的基态能和基态密度可以由 $\left\{ E[\rho,V] - \varepsilon\int \mathrm{d}^3 r\rho(\vec{r}) \right\}$ 的变分极值来确定。变分方程写为:

$$\int \mathrm{d}^3 r \left\{ \frac{\delta T_0[\rho]}{\delta\rho(\vec{r})} + V_{eff}(\vec{r}) - \varepsilon \right\}\delta\rho(\vec{r}) = 0 \tag{2-37}$$

这样就得到三个联立方程组:

$$\begin{cases} \left[-\frac{\hbar^2}{2m}\nabla^2 + V_{eff}(\vec{r}) \right]\varphi_i(\vec{r}) = \varepsilon_i\varphi_i(\vec{r}) \\ V_{eff}(\vec{r}) = V(\vec{r}) + V_{ee}(\vec{r}) + V_{xx}(\vec{r}) \\ V_{ee}(\vec{r}) = \int \mathrm{d}^3 r\rho(\vec{r}')\frac{e^2}{|\vec{r}-\vec{r}'|} \end{cases} \tag{2-38}$$

其中

$$V_{xx}(\vec{r}) = \frac{\partial E_{xx}[\rho]}{\partial\rho(\vec{r})}, \rho(\vec{r}) = \sum_i |\varphi_i(\vec{r})|^2 \tag{2-39}$$

上述方程组就是著名的科恩—沈吕九方程组。

至此,从多粒子体系的薛定谔方程出发,借鉴哈特—福特方法、费米自由电子气体模型,并且通过 Hohenberg-Kohn 定理,得到了科恩—沈吕九方程。科恩—沈吕九方程的意义在于:将多粒子体系的基态求解问题转化为描述单电子的等效自洽方程组的求解问题,将一个多体问题转化成了一个等效势场下的独立粒子的基态求解问题。

2.2.2.2.5 交换关联泛函

在科恩—沈吕九方程中,仍存在一个未知项,那就是交换关联泛函,即反映多体效应的交换关联能对电子电荷密度函数的泛函形式还不知道。人们提出了很多的泛函形式,总的来说可以分为两大类。

(1) 局域密度近似(Local Density Approximation,LDA)

早在 20 世纪 60 年代,科恩和沈吕九就提出了一个局域密度近似[74-75],将交换关联能近似成电子电荷局域密度的函数:

$$E_{xx}^{LDA}[\rho] = \int \rho(\vec{r})\varepsilon_{xx}(\rho)\,\mathrm{d}r \tag{2-40}$$

相应的交换关联势就可以写成:

$$V_{xx}^{LDA}(r) = \frac{\partial E_{xx}^{LDA}}{\partial \rho(r)} = \varepsilon_{xx}[\rho(r)] + \rho(r)\frac{\partial \varepsilon_{xx}[\rho[r]]}{\partial \rho(r)} \tag{2-41}$$

这样,就得到在局域密度近似下的科恩—沈吕九方程:

$$\left[-\frac{1}{2}\nabla^2 + V(\vec{r}) + \int \frac{\rho(\vec{r}')}{|\vec{r}-\vec{r}'|}\mathrm{d}\vec{r}' + V_{xx}^{LDA}(\vec{r})\right]\varphi_i = \varepsilon_i\varphi_i \tag{2-42}$$

其中交换关联势又可以分为交换项和关联项:

$$\varepsilon_{xx}[\rho] = \varepsilon_x[\rho] + \varepsilon_c[\rho] \tag{2-43}$$

x 表示 exchange,c 表示 correlation。交换项采用的形式:

$$\varepsilon_x[\rho] = -C_x\rho(r)^{\frac{1}{3}}, C_x = \frac{3}{4}\left(\frac{3}{\pi}\right)^{\frac{1}{3}} \tag{2-44}$$

而关联项在 1980 年,由基于 Monte Carlo 方法的工作给出了精确解[76]:

$$\varepsilon_c[\rho] = E[\rho] - T[\rho] - E_x[\rho] \tag{2-45}$$

即先通过蒙特卡洛方法求出具有密度 ρ 的电子气的总能,再减去已知的自由电子气动能和交换能,从而得到关联能。其具体函数形式如下:

$$\varepsilon = \begin{cases} \dfrac{-0.284\,6}{(1+1.052\,9\sqrt{r_s}+0.333\,4)} & (r_s \geqslant 1) \\ -0.096\,04+0.062\,2\ln r_s - 0.023\,2r_s + 0.004\,0r_s\ln r_s & (r_s \leqslant 1) \end{cases} \tag{2-46}$$

其中能量单位取 Ry(1 Ry=13.605 8 eV),半径和电荷密度的转换关系为:

$$\left(\frac{4\pi}{3}\right)(r_s a_H)^3 = \frac{1}{\rho} \tag{2-47}$$

这样就可以最终得到可直接求解的体系基态总能:

$$E^{LDA} = \sum_i \varepsilon_i - \frac{1}{2}\int \mathrm{d}^3 r\mathrm{d}^3 r'\rho(\vec{r})\frac{e^2}{|\vec{r}-\vec{r}'|}\rho(\vec{r}') - \int \mathrm{d}^3 r\rho(\vec{r})\frac{\mathrm{d}\varepsilon_{cx}[\rho(\vec{r})]}{\mathrm{d}\rho(\vec{r})}\rho(\vec{r}) \tag{2-48}$$

(2) 广义梯度近似(Generalized Gradient Approximation, GGA)

1986 年,Perdew 和 Wang 认为体系的关联能不仅是电子电荷密度 ρ 的函数,还应该是电子电荷密度梯度$\nabla\rho$ 的函数。于是可以将关联能写成:

$$\varphi_x^{PW98} = \varepsilon_x^{LDA}(1+ax^2+bx^4+cx^6)^{\frac{1}{5}} \tag{2-49}$$

其中

$$x = \frac{|\nabla\rho|}{\rho^{\frac{4}{3}}}$$

上述表述方式称为 PW86。它是对 LDA 关联函数的一个修正,得到

$$\varepsilon_c^{PW86} = \varepsilon_c^{LSD} + \Delta\varepsilon_c^{PW86} \tag{2-50}$$

$$\Delta\varepsilon_c^{PW86}=\frac{e^{\phi}c(\rho)\mid\nabla\rho\mid^2}{f(\xi)\rho^{\frac{7}{3}}},f(\xi)=2^{\frac{1}{3}}\sqrt{\left(\frac{1+\xi}{2}\right)^{\frac{5}{3}}+\left(\frac{1-\xi}{2}\right)^{\frac{5}{3}}}$$

其中
$$\phi=a\cdot\frac{c(\infty)\mid\nabla\rho\mid}{c(\rho)\rho^{\frac{7}{6}}}$$

Perdew 和 Wang 在 1991 年又提出了 PW91[77] 修正。时至今日,很多科学家提出了自己的交换关联函数形式,并针对不同的体系做优化,使人们在应用密度泛函理论求解多粒子体系基态能量时有更多的选择。例如 PBE[78] 等。

2.2.2.3　密度泛函理论的修正与扩充

对于某些体系,计算时需要考虑体系的特殊性质,如重费米子的行为、金属绝缘体的转变和高温超导等。一般的密度泛函方法不能很好地解决这些特殊问题。因此,有必要针对特定的体系,对密度泛函方法做一些修正和扩充,以适应这些特殊体系的计算需求。常见的修正与扩充有自相互作用修正(SIC)、流密度泛函理论(CDFT)、LDA＋U 方法、密度泛函微扰理论(DFPT)和相对论性密度泛函理论。

(1) 自相互作用修正:消除交换关联能中不真实的电子与自身的相互作用,以保证在单电子的时候,电子能量显然只有电子和原子核之间的库仑能,即:

$$E_X=-\frac{1}{2}\int\frac{\rho(r_1)\rho(r_2)}{\mid r_1-r_2\mid}dr_1dr_2 \tag{2-51}$$
$$E_C=0 \tag{2-52}$$

但是前面介绍的泛函,都不满足这一要求,因此电子与自身就具有了不真实的相互作用,称为自相互作用。显然地,当电子数大于 1 的时候,自相互作用仍然存在。检验自相互作用大小的一个特殊的例子是计算核电荷数为 Z 的单电子体系,其能量理论上应该为 $E_Z=-0.5Z^2$ a. u. ,但许多个泛函(如 PBE、PW91、BLYP 等)的计算结果都偏离这一数值,误差超过 1 eV。这说明对于某些体系,这种误差是不能忽略的。现在有多种方法对自相互作用进行修正,并得到了较好的结果。

(2) LDA＋U 方法:LDA＋U(或者进一步,DFT＋U)方法的提出,是为了研究 Mott 绝缘体体系(如一些 3d 族过渡金属氧化物)的性质。我们知道,当电子从一个原子位跳跃到另一个原子位时,假如那个原子位已经有一个电子,那么这种跳跃就需要克服一个库仑相互作用。如果这个能量比能带宽度还大,尽管能带没有全满,电子也不能自由输运,系统就表现绝缘性质。这种绝缘体为 Mott 绝缘体。强关联 Mott 绝缘体体系可以由 Hubbard 紧束缚模型很好地描述,在 Hubbard 模型中通过一个 Hubbard 参数 U 来描述这种强的库仑排斥作用。因此在传统的 LDA 密度泛函理论中加入一个 Hubbard 模型中的原子占据位库仑排斥项,可以解决一些强关联体系中的电子结构计算[79]。

(3) 流密度泛函理论:是在处理任意强度磁场下相互作用电子体系时使用的一种方法。在流密度泛函理论[80-81]中,传统的 KS 方程被一套规范不变且满足连续性方程的自洽方程所代替,交换关联能不仅依赖于电子密度而且依赖于顺磁流密度,从而可以考虑磁场对交换关联势的影响。流密度泛函理论可以用来研究体系对磁场的响应和自发磁化情况。

(4) 相对论性密度泛函理论:对某些重元素的计算需要在密度泛函理论中考虑相对论

效应。用相对论性的密度泛函理论[82]可以得到四分 Dirac. Kohn. Sham(DKS)方程[83]。解 DKS 方程可以使用数值旋量基组,构造缩并 Gaussian 型旋量基组[84]。为了减少计算量,人们也提出了一些两分量准相对论方法,如较为常用的 ZORA 近似[85]和标量相对论方法。最简单的处理方法是所谓的有效核势(ECP)方法,就是通过在常规的密度泛函计算中使用相对论性的赝势来处理相对论效应。

(5)密度泛函微扰理论:是一种新的晶格动力学性质的计算方法。密度泛函微扰理论[86]是通过计算系统能量对外场微扰的响应来求出晶格动力学性质的。通过基态电子密度及其对核几何位置 R 的线性响应 $\frac{\partial \rho_R(r)}{\partial R_I}$,就可以得到势能面的二阶导数,即 Hessian 矩阵 $\frac{\partial E(R)}{\partial R_I \partial R_J}$。更一般地,有所谓的(2n+1)定理,即知道了波函数的 n 阶导数,我们可以计算能量到(2n+1)阶导数[87-91]。密度泛函微扰理论的提出被广泛应用到了半导体、超导体和金属合金等材料的计算上。

2.2.3 分子动力学理论

分子动力学的计算模拟是研究复杂的凝聚态体系的有力工具。这一技术可以得到原子的运动轨迹,能像实验一样,甚至可以更好地对体系的微观运动做观察,从而得到很多实验方法无法得到的有用的微观信息。

2.2.3.1 运动方程

体系的结构和热力学性质是通过对组成体系的微观(包括原子核和不参与成键的原子实)统计而获得的。而通过波恩—奥本海默近似将电子和原子核(或离子实,在应用赝势计算的情况下,一般只将最外层的若干个电子当作具有自由度的变量去对待,而芯内电子认为是固连在原子核上的,从而可以当成一个整体对待,这就是离子实)运动分离后,离子实所遵循的规律,也就是牛顿运动方程:

$$M_I R_I = F_I(R^N) \tag{2-53}$$

式中,M_I 是离子实的质量;F_I 是该离子实所感受的力。用拉格朗日力学形式写出来就是:

$$\frac{d}{dt} \frac{\partial L}{\partial \dot{R}_i} = \frac{\partial L}{\partial R_i} \tag{2-54}$$

拉格朗日量为:

$$L(R^N, \dot{R}^N) = \sum_{I=1}^{N} \frac{1}{2} M_I \dot{R}_I^2 - U(R^N) \tag{2-55}$$

由于动力学处理的是有限温下的体系,其宏观性质必须用到统计方法,因此就涉及一个系综(ensemble)的概念。首先介绍一个在动力学模拟中最容易实现的系综,即微正则系综(microcanonical ensemble),又叫等体等能量系综(NVE)。NVE 系综的能量不随时间而改变:

$$\frac{\partial E}{\partial t} = \frac{\partial H(R^N, \dot{R}^N)}{\partial t} = 0 \tag{2-56}$$

还有就是粒子数 N 和体积 V 不随时间改变而改变。其他常用的系综还有正则系综

(canonical ensemble),其粒子数 N、温度 T 和体积 V 不随时间改变而改变,所以也叫 NVT 系综。还有等温等压系综(isothermal-isobaric ensemble),其粒子数 N、温度 T 和压强 P 不随时间演化而变化,因此又叫 NPT 系综。另外还有巨正则系综(grandcanonical ensemble),其粒子数是可变化的,而化学式 μ、体积 V 和温度 T 保持恒定,因此又叫 μVT 系综。这些系综分别对应于不同的物理化学环境。例如 NPT 系综,对应于绝大多数凝聚态物理实验的外界环境,因而得到广泛应用。在计算机模拟计算中,可以通过各种算法来实现上述的各种系综。

2.2.3.2 运动方程的数值算法

当知道了离子实上所受到的力,就可以求解出运动方程。在数值模拟中,一般是通过一个叫 velocity verlet 的算法来实现[92-93]。在 t 时刻,其基本的迭代方程形式为:

$$R(t+\Delta t)=R(t)+V(t)\Delta t+\frac{F(t)}{2M}\Delta t^2$$
$$V(t+\Delta t)=V(t)+\frac{F(t+\Delta t)+F(t)}{2M}\Delta t^2$$

(2-57)

这个方程可以理解为:在任意 t 时刻,在给定离子实的位置和动量(即速度)情况下,通过施加在离子实上的力计算出离子实的加速度,进而计算 $t+\Delta t$ 时刻的速度,然后可以计算出离子实在 $t+\Delta t$ 时刻运动到的位置和动量。这样,只要给定离子实所受的力,再加上初始 t 时刻所有离子实的位置和动量,就可以一步一步求得 t 时刻以后各时间的离子实的位置和动量,这就是迭代循环。

2.2.3.3 计算模拟中的不同系综的实现

由于 NVE 系综在计算机模拟中最容易实现,算法最简单,因此所有其他系综的实现实际上都是在针对 NVE 系综做适当修改的基础上实现的。其中最常用的两种算法就是实现压力恒定和实现温度恒定。

(1) 恒压器(Barostat)

在介绍恒压器之前,先介绍一下晶格参量矩阵。在计算机数值算法中,对于有周期性条件的晶体系统(实际上非晶体系综也是通过周期性条件来实现的,只不过非晶体条件下要建立的超胞要大得多),其三个晶格矢量是通过矩阵来描述的:

$$h=\begin{bmatrix} a_x & a_y & a_z \\ b_x & b_y & b_z \\ c_x & c_y & c_z \end{bmatrix}$$

(2-58)

而任何一个离子实的位置就可以用相对坐标来描述。原子笛卡儿坐标可以用晶格矩阵和原子相对坐标的乘积来决定:

$S_I \in [0,1]$,S_I 是无量纲量。这样就可以将体系拉格朗日量改写为离子实相对坐标及其梯度和晶格矩阵的函数:

$$L=\sum_{I=1}^{N}\frac{1}{2}M_I(\dot{S}_I^T g \dot{S}_I)-U(h,S^N)+\frac{1}{2}W*Tr(\dot{h}\dot{h})-p\Omega$$

(2-59)

式中,W 是晶格的惯性质量(inertia parameter);p 是外加的压力,一般是静水压(hydrostatic pressure);Ω 是晶胞的体积;g 叫作对称晶格矩阵,$g=h^T h$。这样做的好处就

是可以将离子实的相对运动和离子实的整体运动分开,因而可以控制胞的运动,最终达到控制压力的目的。其运动方程可以改写成:

$$M_I\ddot{S}_{I,u}=-\sum_{v=1}^{3}\frac{\partial U(h,S^N)}{\partial R_{I,v}}(h^T)_{uv}^{-1}-M_I\sum_{v=1}^{3}\sum_{u=1}^{3}g_{uv}^{-1}\dot{g}_{us}S_{I,s}$$

$$W\dot{h}_{uv}=\Omega\sum_{s=1}^{3}\left(\prod_{us}^{tot}-p\delta_{us}\right)(h^T)_{sv}^{-1}$$

(2-60)

其中总的内应力张量(total internal stress)形式为:

$$\prod_{us}^{tot}=\frac{1}{\Omega}\sum_l M_l(\dot{S}_I^T g\dot{S}_I)_{us}+\prod_{us}$$

(2-61)

其中第一部分是动态压力,是由于离子实的运动而导致的,即由热运动贡献;第二部分是由于体系内的粒子相互作用决定,是静态压力。这样,通过调节对称晶格矩阵 g,就可以达到控制应力张量,从而达到控制压力的目的。

(2)恒温器(Thermostats)

对温度的控制需要用到微观体系的能量均分定理(energy equipartition theorem),使得对温度的控制可以由对体系动能的平均值的改变而达到。在计算机模拟中,温度的计算方法如下:

$$\left\langle\sum_i^N\frac{p_i^2}{2m}\right\rangle=\langle E_k\rangle=\frac{N_f k_B T}{2}$$

(2-62)

即温度和体系所有离子实平均动能直接相关。控制温度的方法比较多,比较常用的有三种,下面分别介绍。

① 速度缩放法:即通过设定一个目标温度,还有一个标准偏离值。当由体系平均动能决定的温度对目标温度的偏离超过设定的标准偏离值时,就对所有离子实的瞬间温度成比例缩放到目标温度,其计算公式如下:

$$\left(\frac{v_{new}}{v_{old}}\right)^2=\frac{T_{target}}{T_{system}}$$

(2-63)

速度缩放法直接从体系中去除(或加上)热量。由于体系平衡的标志是体系内部各种运动诸如振动、平动、转动之间是否能有效地相互转化能量,因此此种温度控温法的效率强烈地依赖于体系自身。不过一般来说,速度缩放法比较适合于对偏离平衡态较大的体系的温度控制,一般用于动力学开始的几十个飞秒,或者是体系发生较大变化的时候,例如结构发生转变。

② Berendsen 控温法[94]:比速度缩放法更温和。它通过设定一个外界热浴(heat bath)来修改体系的温度。其控温公式如下:

$$\lambda=\left[1-\frac{\Delta t}{\tau}\left(\frac{T-T_0}{T}\right)\right]^{\frac{1}{2}}$$

(2-64)

式中,Δt 是动力学中设定的时间步长;T_0 是目标温度;T 是体系瞬间温度。Berendsen 控温法通过调节时间参数 τ 来调节控温的频率和剧烈程度。τ 越大,调节温度频率越慢;τ 越小,调节温度频率越快。τ 的量纲是时间。一般情况下,τ 选择的范围是 0.1~0.4 ps 之间。值得注意的是,和速度缩放法一样,Berendsen 控温法由于控温公式中没有涉及体系的哈密顿量,其对体系的温度控制效率是因体系而异的。

③ Nosé-Hoover 控温法[95-98]：Nosé-Hoover 控温法是最常用、也是最准确的一种控温方法。其控温的基本原理是通过引入额外的自由度到体系中，来表征体系自身运动和外部热浴的热量交换的作用。其哈密顿量被改写为：

$$H^* = \sum_i \frac{p_i^2}{2m_i} + \varphi(q) + \frac{Q}{2}\xi^2 + gkT\ln S \tag{2-65}$$

式中，第一项是原子的动能项（即离子实的动能项），是由原子的动量决定的；第二项是由原子位置而决定的势能项；这两项是体系真实的哈密顿量。而后两项是新加入的虚拟项，S 是虚拟原子坐标，ξ 是虚拟原子动量。在 CPMD 软件包中（在国际上比较流行的一种从头算分子动力学计算的软件包），如以正则系综（NVT）为例，在 Nosé-Hoover 法下，其运动方程被改写成为：

$$
\begin{aligned}
M_I \ddot{R}_I &= -\nabla_I E^{KS} - M_I \dot{\xi}_1 \dot{R}_I \\
Q_1^n \ddot{\xi}_1 &= \left[\sum_I M_I \dot{R}_I^2 - gk_B T\right] - Q_1^n \dot{\xi}_1 \dot{\xi}_2 \\
Q_k^n \ddot{\xi}_k &= \left[Q_{k-1}^n \dot{\xi}_{k-1}^2 - k_B T\right] - Q_k^n \dot{\xi}_k \dot{\xi}_{k+1}(1-\delta_{kK}), k = 2, \cdots, K
\end{aligned}
\tag{2-66}
$$

式中，$\dot{\xi}_I$ 叫作动态摩擦系数（dynamical friction coefficient），它的作用是延缓实际温度向环境温度的偏移。T 代表的则是正则系综中设定的环境温度，g 是体系中总的粒子微观运动自由度（number of dynamical degrees of freedom）。在 NVT 系综中的 Nose-Hoover 控温法下，有一个不变量为：

$$E_{cons}^{NVT} = \sum_I \frac{1}{2}M_I \dot{R}_I^2 + U(R^N) + \sum_{k=1}^K \frac{1}{2}Q_k^n \dot{\xi}_k^2 + \sum_{k=2}^K k_B T \xi_k + gk_B T \xi_I \tag{2-67}$$

还有其他系综的 Nosé-Hoover 控温法，其计算公式不尽相同，具体可以参考文献。

2.2.4 从头算分子动力学

在介绍分子动力学运动方程时，曾经假设原子之间的相互作用是已知的，但实际情况是我们一般只知道相互作用势是原子坐标的函数。为了求得原子相互作用势函数，首先可以应用经典分子势场的方法，也就是说，通过设定经验表达式，再利用实验数据拟合参数的方法来得到一个既定的以原子坐标为变量的函数的所有参量，从而得到原子的相互作用势。例如著名的勒那—琼斯（Lennard-Jones），它就是采用简单的两体中心势场模型，通过实验结果来拟合得出参数，从而达到近似描述原子间相互作用的目的。

更精确地描述原子间相互作用的方法，是从量子力学薛定谔方程出发的多体运动方程。而基于密度泛函理论框架的从头算方法则是近年来被广泛采用的方法。密度泛函理论就是非常精确地求解原子之间相互作用，求得相互作用势，从而代入原子的运动方程中去，求解得到物质的精确运动轨迹。

在密度泛函框架下求解原子之间相互作用势，首先要从量子力学基本公式出发：

$$\min_{\psi_0}\{\langle \psi_0 | H_e | \psi_0 \rangle\} = \min_{\psi_0} E^{KS}[\{\varphi_i\}] \tag{2-68}$$

由波恩—奥本海默近似，在求解电子运动方程时，哈密顿量中原子核坐标可以看成常数，所以上式中只对包含电子自由度的哈密顿量求平均值。因为是基于 Kohn-Sham 框架下的，由此得到的基态能量又称为 Kohn-Sham Energy：

$$E^{KS}[\{\varphi_i\}] = T_S[\{\varphi_i\}] + \int dr V_{ext}(r)n(r) + \frac{1}{2}\int dr V_H(r)n(r) + E_{XC}[n] + E_{ions}[R^N]$$

(2-69)

其中 $\{\varphi_i(r)\}$ 是 Kohn-Sham Orbital，它满足正交归一条件：

$$\langle \varphi_i | \varphi_j \rangle = \delta_{ij}$$

(2-70)

由此电子电荷密度可以写成：

$$n(r) = \sum_i^{occ} f_i \mid \varphi_i(r) \mid^2$$

(2-71)

其中 f_i 是第 i 个轨道的占据数，它只能取整数，取决于这个轨道的简并度。Kohn-Sham 能量中的第一项是电子动能：

$$T_s[\{\varphi_i\}] = \sum_i^{occ} f_i \left\langle \varphi_i \left| -\frac{1}{2} \nabla^2 \right| \varphi_i \right\rangle$$

(2-72)

第二项是外加势能。第三项则是电子库仑相互作用势能：

$$V_{H(r)} = \int dr \frac{n(r)}{\mid r - r' \mid}$$

(2-73)

第四项是交换关联能（exchange-correlation energy）。最后一项是离子实的相互作用能。

接下来，通过自洽法求解科恩—沈吕九方程，可以得到电子电荷密度、电子轨道以及 Kohn-Sham 势。然后就可以求解作用在单个轨道上的 Kohn-Sham 力：

$$\frac{\delta E^{KS}}{\delta \varphi_i^*(r)} = f_i H_e^{KS} \varphi_i(r)$$

(2-74)

同样可以求解作用在单个原子上的力，从而写出运动方程：

$$M_I \ddot{R}_I = -\nabla_I[\min E^{KS}[\{\varphi_i\}; R^N]]$$

(2-75)

由于上述推导过程是建立在波恩—奥本海默近似上的，故所得到的运动方程下的动力学称为波恩—奥本海默动力学（Born-Oppenheimer Molecular Dynamics，BOMD）。波恩—奥本海默动力学的拉格朗日量可以写成：

$$L_{BO}(R^N, \dot{R}^N) = \sum_{I=1}^{N} \frac{1}{2} M_I \dot{R}_I^2 - \min E^{KS}[\{\varphi_i(r)\}; R^N]$$

(2-76)

波恩—奥本海默动力学与经典分子动力学的差别就在于原子核受力情况和总能计算上，其他的部分在本质上是一致的。

下面介绍另一种应用广泛的从头算分子动力学计算的方法，称为 Car-Parrinello 分子动力学（CPMD）[99]。对于 CPMD 动力学的拉格朗日量是这样表述的：

$$L_{CP}[R^N, \dot{R}^N, \{\varphi_i\}, \{\varphi_i\}] = \sum_I \frac{1}{2} M_I \dot{R}_I^2 + \sum_i \frac{1}{2}\mu\langle \dot{\varphi}_i | \dot{\varphi}_i \rangle - E^{KS}[\{\varphi_i\}, R^N] \quad (2\text{-}77)$$

将 CPMD 的拉格朗日量和 BOMD 的拉格朗日量对比发现 CPMD 多出来一项：

$$\sum_i \frac{1}{2}\mu\langle \dot{\varphi}_i | \dot{\varphi}_i \rangle$$

(2-78)

它用来表征波函数随时间的变化，因为 CPMD 的电子波函数不是像 BOMD 那样收敛到基态的，因此两个拉格朗日量的最后一项也就不相同了，前者是基态 Kohn-Sham 能，而后

者不一定是基态 Kohn-Sham 能,是有一定的偏离。将 CPMD 拉格朗日量代入欧拉—拉格朗日方程:

$$\frac{\mathrm{d}}{\mathrm{d}t}\frac{\partial L_{CP}}{\partial \dot{R}_I} = \frac{\partial L_{CP}}{\partial R_I}$$

$$\frac{\mathrm{d}}{\mathrm{d}t}\frac{\delta L_{CP}}{\delta \langle \dot{\varphi}_i \mid} = \frac{\delta L_{CP}}{\delta \langle \varphi_i \mid} \tag{2-79}$$

得到 CPMD 中的运动方程式:

$$M_I \ddot{R}_I(t) = -\frac{\partial E^{KS}}{\partial R_I} + \sum_{ij} \Lambda_{ij} \frac{\partial}{\partial R_I} \langle \varphi_i \mid \varphi_j \rangle$$

$$\mu \ddot{\varphi}_i(t) = -\frac{\delta E^{KS}}{\delta \langle \varphi_i \mid} + \sum_j \Lambda_{ij} \mid \varphi_j \rangle \tag{2-80}$$

可以看到 CPMD 运动方程比 BOMD 运动方程多一个电子虚拟质量(electron fictitious mass)。由此得到 CPMD 动力学的运动不变量为:

$$E_{cons} = \sum_I \frac{1}{2}M_I \dot{R}_I^2 + \sum_i \frac{1}{2}\mu \langle \dot{\varphi}_I \mid \dot{\varphi}_I \rangle + E^{KS}\big[\{\varphi_i\}, R^N\big] \tag{2-81}$$

　　CPMD 中的电子波函数并不总是收敛到基态,而是有一个偏离。CPMD 引入电子温度来描述这种偏离。电子波函数对基态电子波函数偏离较大时,对应的电子温度就高;当电子温度为零时,就说明电子波函数收敛到了基态。虽然从严格意义上说,CPMD 动力学并不对应真实的物理状态,但只要电子温度足够低,就是电子波函数对电子基态波函数的偏离足够小时,CPMD 就能够精确地描述体系的动力学状态。实际上,事实证明,CPMD 动力学被成功地应用到了很多化学、物理和生物问题上,解决了大量科学问题,发表了大量科研论文。

　　CPMD 中的力的计算是通过把 Kohn-Sham 能量对原子核坐标和 Kohm-Sham 轨道求偏导而来的。这样可以求出来的是分别由原子核位置变化而来的力

$$F(R_I) = -\frac{\partial E^{KS}}{\partial R_I} \tag{2-82}$$

和由电子轨道波函数变化而来的力:

$$F(\varphi_i) = -f_i H^{KS} \varphi_i \tag{2-83}$$

以上两种力在 BOMD 中是同样存在的,它们是针对原子核而来的,是原子核的运动方程所需要的。还有一部分叫作约束力(constraint force):

$$\begin{cases} F_c(\varphi_i) = \sum_j \Lambda_{ij} \mid \varphi_j \rangle & (2.4.17) \\ F_c(R_I) = \sum_{ij} \Lambda_{ij} \frac{\partial}{\partial R_I} \langle \varphi_i \mid \varphi_j \rangle \end{cases} \tag{2-84}$$

　　这里的约束力是针对 CPMD 中的 Kohn-Sham 轨道的力,也可以形象地说成是作用在虚拟电子上的力。它可以在体系到达平衡后让电子波函数稳定保持在一个相对于基态较小的偏离程度上。

2.3　本书使用的软件介绍

2.3.1　Materials studio 软件概况

　　Materials studio 是美国的 Accelrys 公司开发的可运行于 PC 机上的新一代材料计算软件,可帮助研究人员解决如今化学及材料工业中的许多重要问题,能够深入分析有机和无机晶体、无定形材料以及聚合物等,可以在聚合物、催化剂、结晶学、固体化学以及材料特性等材料科学研究领域进行性质预测、聚合物建模和 X 射线衍射模拟等工作。Materials studio 分子模拟软件采用了先进的模拟计算方法,如量子力学(Quantum Mechanics,QM)、线性标度量子力学(Linear Scaling Quantum Mechanics,LSQM)、分子力学(Molecular Mechanics, MM)、分子动力学(Molecular Dynamics,MD)、蒙特卡洛(Monte Carlo,MC)、介观动力学(Meso Dyn,MD)和耗散粒子动力学(Dissipative Particle Dynamics,DPD)、统计方法(Quantitative Structure-Activity Relationship,QSAR)先进算法。多种先进算法的综合应用使 Material studio 成为一个强有力的材料模拟计算工具。Materials studio 模拟的内容包括了化学反应机理、催化剂、表面及固体等材料和化学研究领域的主要课题。目前已经采用 Materials studio 软件产生了许多研究成果,如:催化剂表面的吸附[100]、聚合物的研究[101-103]、纳米材料的性能[104-105]、反应机理[106-108]等。近年来,在煤结构与反应性以及煤化工过程中的反应机理等方面的应用也取得了可喜的成果[109-110]。在 Materials studio 的各个模块中,Visualizer 模块可方便地搭建分子、晶体及高分子材料结构模型,可以观察、操作及分析结构模型,处理图表或文本等形式的数据,是 Materials studio 产品系列的核心模块。

　　在我们的研究中,除了应用 Visualizer 模块对模型进行构建外,主要采用密度泛函理论的 Dmol³ 模块对所研究体系的性质、反应机理等进行研究。

2.3.2　密度泛函理论计算模块

　　Dmol³ 是基于第一性原理的量子化学密度泛函理论计算程序,选择合理的模型,可以以比较高的效率提供可靠的计算结果。对于在实际研究中遇到的周期性破坏体系,如:扭折、错位或表面重构等,采用实空间团簇模型,在 Dmol³ 中都能进行很好地处理。

　　Dmol³ 功能强大,具有多种任务类型,如结构的几何优化、单点能的计算、过渡态搜索、使用伴随特征向量的过渡态搜索、频率计算、量子分子动力学与退火模拟、电子极化与非极化 DFT 的计算等。Dmol³ 中提供了两种交换关联泛函,分别是广义梯度近似泛函和局域密度近似泛函。局域密度近似下的交换关联泛函有 PWC 和 VWN,广义梯度近似下的交换关联泛函有 PW91、BP、BLYP、PBE、BOP、RPBE、HCTH 和 VWN-BP。Dmol³ 还提供了四种基组,依次是 MIN、DN、DND 和 DNP。一般认为,DND 基组和 Gaussian 程序中的 6-31G＊基组相当,而 DNP 基组则和 Gaussian 程序中的 6-31G＊＊基组相当。在 Dmol³ 模块中可以进行许多特性的计算,如 Mulliken/Hirshfeld/ESP 电荷和自旋、静电势、自由能、Fukui 指数、熵、焓、热容、电荷密度、ZPVE 以及差分密度分布、显示光吸收谱、Fukui 函数、显示分子的轨道图形、分子轨道的本征值和电子占据数、分子的偶极矩和极化率、原子成键分布分析、总态密度和局域态密度、固体能带结构等。Dmol³ 的自旋极化设置方便,可用于计算磁性体系。

通过计算和比较体系不同几何构型的能量,可以确定体系能量最低的平衡构型,这样就可以在理论上为未知几何结构的化合物提供一种可靠的预测结构的方法,并且可以从理论上解释化合物的一些化学、物理性质。此外,通过对体系特性的计算和分析,可以为设计具有特殊性质的纳米材料和分子器件提供必要的科学依据和理论指导。

为了详细地了解煤化工过程中涉及的某个反应的反应性,对于反应路径的计算是重要的部分,那么此反应路径中的各基元步骤的确定就是这重要部分的重要环节。在计算过程中,除了对反应路径中涉及的反应物、产物和中间体的结构进行优化外,过渡态结构的确认是很关键的。首先就是要进行过渡态的搜索,在 Dmol³ 程序中过渡态的计算方法采用线性同步转变的方法。即根据已存在的反应物和产物的结构,寻找过渡态的结构。因此在计算过渡态之前,必须人为设定一条反应路线。线性同步转变方法(Linear Synchronous Transit,LST)是进行一个简单的线性搜索过程中得到最大值。另一种方法是二次同步转变方法(Quadratic Synchronous Transit,QST),利用共轭梯度进行最小化。这两种方法单独或组合,可以得到五种搜索过渡态的方法:

(1) LST 最大化(LST Maximum),进行 LST 的最大化,得到反应物与产物之间最大值,因而这是最快最不准确的方法。Halgren-Lipscomb,是一种限制 LST 优化方法,是在进行 LST 最大化后,只在一个方向上进行共轭梯度最小化的方法。

(2) LST 优化(LST Optimization),进行 LST 的最大化后,在反应路径的共轭方向上能量进行最小化。最小化的步骤反复进行,一直达到设定的标准为止,这样寻找的过渡态接近真实的过渡态。通常把体系中原子上的力作为优化的标准,为零时认为是理想状态,这时达到反应方向上的最大值。对于不同的体系,力的标准可以设定的不同,越接近零就越接近真实的过渡态。

(3) Complete LST/QST,在进行 LST 优化后,进行 QST 的最大化和共轭梯度最小化计算,这个循环不断重复,也是达到设定的收敛标准为止。

(4) QST 优化(QST Optimization),在进行 QST 优化后,重复进行 QST 最大化和共轭梯度最小化计算,直到搜索到过渡态,计算达到设定的收敛标准为止。

在本书的研究过程中,采用 Complete LST/QST 方法对过渡态进行搜索。经过渡态搜索任务计算后得到的过渡态还需要进一步确认。在 Dmol³ 中采用 Nudged elastic band (NEB)方法寻找能量最小路径(MEP)。NEB 方法就是引进一个假想的弹簧力,它连着路径中的相邻点,从而确定路径和力的影射的连续性,以至于系统在能量最小点处收敛。这个最小点可能就是真实反映中的一个中间体,然后根据这个中间体的信息再对基元反应进行计算,直到搜索到的过渡态直接连着反应物和产物,这样这个基元反应就确定下来了,以此再对反应路径中的其他基元反应进行确认,从而对反应路径进行了确定。

2.3.2.1 电荷密度分布与布居数分析

电子密度分布图能够很好地表示分子中电荷的空间分布情况,但是其作图方法很麻烦,而且也没有把分子与其组成原子联系起来。为了表明电荷在各组成原子之间的分布情况,Mulliken 提出了"布居数分析"(population analysis)的方法。依照分子轨道理论,分子的电荷密度是由各分子轨道上的电子贡献的,在一个分子轨道上,或者没有电子,或者有整数个电子。但是,我们也可以把分子电荷密度看成是由组成分子的各原子的原子轨道上的电子组成的。从原子轨道的角度看,每个分子轨道上的电子数不一定为整数,电子在各原子轨道上有一个分布或者"布居"[111]。分析这种布居,对于了解分子中原子的成键情况是有帮助的,与化学家传统的认为分子是由原子组成的观点比较一致。

在一般情况下,设分子中有 N 个原子(用 A,B 等标记),n 个电子,分子轨道为

$$\varphi_i = \sum_A \sum_\mu c_{A\mu i} \chi_{A\mu} \tag{2-85}$$

其中 $\chi_{A\mu}$ 表示 A 原子的 μ 轨道。我们有

$$\varphi_i^* \varphi_i = \sum_A \sum_B \sum_\mu \sum_V c_{A\mu i}^* c_{B v i} \chi_{A\mu} \chi_{B v} \tag{2-86}$$

两边积分,并乘以 n_i 可得

$$n_i = n_i \sum_A \sum_{\bar\omega}^A |c_{A\mu i}|^2 + 2n_i \sum_{A>B} \sum_\mu \sum_\lambda^A \sum^B c_{A\mu i}^* c_{B\lambda i} S_{A\mu; B\lambda} \tag{2-87}$$

利用这个式子可以作出电荷分布的分析如下:

(1) 分子轨道 φ_i 中的电子,分布在原子轨道 $\chi_{A\mu}$ 上的电荷为

$$n(i, A\mu) = n_i |c_{A\mu i}|^2 \tag{2-88}$$

(2) 对 i 求和,得到的原子轨道 $\chi_{A\mu}$ 上的电荷为

$$n(A) = \sum_i n(i, A\mu) = \sum_i n_i |c_{A\mu i}|^2 = P_{\mu\mu}^t \tag{2-89}$$

(3) 对 A 原子的所有原子轨道求和,得到的 A 原子上的电荷为

$$n(A) = \sum_\mu n(A\mu) = \sum_\mu P_{\mu\mu}'' \tag{2-90}$$

(4) 分子轨道 φ_i 中,属于 A 原子的 μ 轨道和 B 原子的 λ 轨道的重叠区电荷为

$$n(i, A\mu; B\lambda) = 2n_i c_{A\mu i}^* c_{B\lambda i} S_{A\mu; B\lambda} \tag{2-91}$$

(5) 对分子轨道 i 求和,得到的 A 原子的 μ 轨道和 B 原子的 λ 轨道的总重叠电荷为

$$n(A\mu; B\lambda) = \sum_i n(i, A\mu; B\lambda) = 2n_i c_{A\mu i}^* c_{B\lambda i} S_{A\mu; B\lambda} = 2 t_{\lambda\mu}^t S_{\mu\lambda} = 2\rho_{\lambda\mu} \tag{2-92}$$

通常把 $[\rho_{\lambda\mu}]$ 称为按原子轨道分布的布居矩阵。

(6) 对 A 和 B 原子的所有轨道求和,得到的 A 和 B 原子间的总重叠电荷为

$$n(A;B) = 2\sum_\lambda^B \sum_\mu^A P_{\lambda\mu}^t S_{\mu\lambda} = 2\sum_\lambda^B \sum_{\bar\omega}^A \rho_{\lambda\mu} \tag{2-93}$$

通常把原子的布居矩阵 $[MAB]$($M_{AB} = 2\sum_\lambda^B \sum_{\bar\omega}^A \rho_{\lambda\mu}$)称为 Mulliken 键级矩阵。

(7) 最后,对分子中所有原子求和,得到

$$n = \sum n(A) + \sum_{A>B} \sum n(A;B) = \sum_A \sum_\mu^A P_{\mu\mu}^t + 2\sum_{A>B} \sum_\lambda^B P_{\lambda\mu}'^t S_{\mu\lambda} \tag{2-94}$$

式(2-94)中的原子求和遍及所有轨道,Mulliken 把重叠区电荷平均分配给有关原子轨道。对布居矩阵的 μ 行求和,得到的 A 原子轨道 μ 轨道上的总电荷为

$$n_{A\mu} = \rho_{\mu\mu} + \frac{1}{2}\sum_{v\neq\mu}\rho_{\mu v} + \frac{1}{2}\sum_{v\neq\mu}\rho_{v\mu} = \rho_{\mu\mu} + \sum_{v\neq\mu}\rho_{v\mu} = \sum_v \rho_{v\mu} \tag{2-95}$$

因为 $\rho_{\mu\nu}=\rho_{\nu\mu}$，引入 $\frac{1}{2}$ 是由于只有一半重叠电荷分给原子 A 的 μ 轨道。对属于原子 A 的所有轨道求和，得到的 A 原子上的总电荷为

$$n_A = \sum_{\mu}^{A} n_{\mu} = \sum_{\mu}^{A} \sum_{\nu} \rho_{\mu\nu} \tag{2-96}$$

于是，原子 A 上的净电荷就为 $q_A = Z_A - n_A$。

2.3.2.2 振动频率计算

作为分子势能面的一种表征方法，对于振动频率的计算相当重要。首先，振动频率可以被用来确定势能面上的稳定点，即可以区分全部为正频率的局域极小值（local minimum）和存在一个虚频的鞍点；其次，通过振动频率可以确认稳定的但也有高反应活性或者寿命短的分子；最后，利用计算得到的正则振动频率按统计力学方法可以给出稳定分子的热力学性质。

分子的振动涉及由化学键连接的原子间相对位置的移动。假定 Born-Oppenherimer 原理是正确的，我们可把电子运动与核运动分离开来考虑。由于分子内的化学键作用，使得各原子核处于能量最低的平衡构型并在其平衡位置以很小的振幅做振动，我们可把振动与运动尺度相对较大的平动和转动分离开来考虑，从而核运动波函数近似可以分离为平动、转动和振动三个部分。对于一个由 N 个原子组成的分子，忽略势能高次项，在其平衡态附近原子核的振动总能量可近似表述为：

$$E = T + V = \frac{1}{2}\sum_{i=1}^{3N} q_1^{*2} + V_{eq} + \frac{1}{2}\sum_{i,j=1}^{3N} \left(\frac{\partial^2 V}{\partial q_i \partial q_j}\right)_{eq} q_i q_j \tag{2-97}$$

式中，$q_i = M_i^{\frac{1}{2}}(x_i - x_{i,eq})$，$M_i$ 为原子质量，$x_{i,eq}$ 为核的平衡位置坐标，x_i 代表偏离平衡位置的坐标；V_{eq} 为平衡位置的势能，可取为势能零点。

2.3.2.3 零点振动能

零点振动能即微观粒子处于基态时的能量，它是测不准原理的必然结果。按照旧量子理论，谐振子的能量由 $E = nh\nu$ 给出，n 为振动能量量子数。当基态时，$\nu = 0$ 时，$E = 0$，振子应处于完全静止的状态，此时势能和动能两者均为零。零动能意味着动量确切为零，所以 Δp_x 为零。零势能意味着粒子总是局限在原点，所以 Δx 为零。但是根据测不准原理，不能同时有确定的坐标和动量存在，所以 Δp_x 和 Δx 不能同时为零[112]。因此量子力学认为，谐振子的能量为 $E_\nu = \left(n + \frac{1}{2}\right)h\nu_e$。当 $n = 0$ 即基态时，E 不为 0，而是 $\frac{1}{2}h\nu_e$，此即是谐振子的零点振动能[113]。

2.3.2.4 反应过渡态理论

过渡态理论（Transition State Theory，TST）又称为活化络合物理论。20 世纪 30 年代，Eyring[114] 等就提出了一个开创性的理论——化学反应过渡态理论，成功地应用于阐述化学反应的机理及结构与反应性之间的关系。他们认为在任何绝热的化学反应过程中，都要经过一个能量高于反应物和产物的过渡态，并且这一过渡态处于化学键生成和断裂的中间状态，其结构极不稳定，可以生成产物，也可能回到生成物。因此，如果能够充分地了解反应过渡态的分子结构和电子结构性质，对于了解反应的机理及影响化学反应速率的因素都

很有帮助。但是在反应过程中过渡态的存在时间极短,很难从实验上得到大量相关的结构和物理性质等数据。虽然通过研究反应的活化能、活化熵以及动力学同位素效应能给出相应的过渡态实验信息,但远远不能满足生物学家、化学家等对化学反应机理的探索。为了从理论上能够对过渡态进行探索,理论化学家们做了大量的工作,现在我们可以利用量子化学、分子力学等方法从理论上找到过渡态的分子结构。

化学反应理论机理的研究始于 20 世纪 80 年代,开始主要使用量子化学半经验方法。目前随着计算机的发展,对化学反应机理的研究主要有两种方法:一种是从头计算方法,另一种是半经验量子化学方法。这两种方法的研究对象不同,对较大反应体系可以用半经验量子化学方法来处理;对于从头计算方法,适用研究分子体系小于 50 个原子的分子,它的计算结果有很高的可信度和精确性。

化学反应机理的理论研究就是利用计算机模拟化学反应的过程。从理论角度讲,对一个复杂化学反应,可以找出反应过程中所有的基元反应和可能产生的反应过渡态及中间体的构型。对多组分之间的反应,可以通过比较不同反应通道的反应活化能的方法来确定反应产物组成。同时,还可以结合计算所得到的结果,利用过渡态理论计算化学反应绝对速率常数。因为化学反应过程伴随着电子转移的过程,所以说化学反应过程实质上是电子的迁移过程。因而从理论上研究化学反应机理,通过对反应过渡态构型的计算得到其能量、电荷分布情况,从而得出在 R→TS→P 过程中分子上各原子的电荷变化情况,来显示化学反应的微观特征,关于这一点从实验研究方面是做不到的。

研究化学反应机理的关键是寻找化学反应过渡态,过渡态是反应势能面的鞍点,可以通过振动分析来加以确认。从反应过渡态出发通过对化学反应内禀反应坐标(IRC)的计算,可以分别得到沿反应坐标反应物和产物的分子构型、能量和电荷分布等变化的情况。

3　新峪煤分析及其含硫模型化合物的确定

3.1　引言

深刻理解煤结构及其反应性对现有煤炭转化工艺操作的优化以及新煤转化工艺的开发至关重要。煤组成的复杂性和由变质环境、变质程度以及成煤物种不同带来的煤种多样性，给煤结构和反应性研究带来了极大的困难[115]。

煤结构的研究方法归纳起来可以分为三类：① 物理研究方法：如红外光谱、X 射线衍射、核磁共振波谱以及利用物理常数进行统计结构解析等；② 化学研究方法：如加氢、氧化、解聚、卤化、热解、烷基化和官能团分析等；③ 物理化学研究方法：如溶剂抽提和吸附性能等[116]。近些年来，量子化学计算方法也被应用于煤结构的研究。X 射线光电子能谱（X-ray Photoelectron Spectroscopy，XPS）是一种表面分析技术，可以直接判别样品表面元素的赋存状态，并可对其含量进行定量，具有灵敏度高、样品无须特殊处理等优点。自 Frost 等首次把 XPS 应用煤研究以来，这一结构分析方法已经被广泛地应用于煤结构的研究中[117]。氧、氮、硫是煤的重要组成元素，其在煤大分子结构中的存在形式不仅对于认识煤的结构特征具有重要的意义，而且对于煤的洁净利用都有重要的实际意义，因此吸引了众多的学者对其进行研究[118-121]。在本章中，通过对新峪煤样的分析，得到合适的含硫模型化合物作为研究对象。

3.2　新峪煤的实验分析

3.2.1　新峪精煤及各族组分工业分析和元素分析

我们从山西焦煤集团新峪选煤厂采集煤样，通过浮沉实验、煤样制备后利用 LECO-TRUSEC 碳氢氮分析仪、YX—DL／A8500 自动定硫仪、WS—G410 全自动工业分析仪等对煤样煤质进行了分析。

煤样元素分析数据如表 3-1 所示，工业分析数据如表 3-2 所示，YM 代表未经溶剂处理的原煤，CY、JM、LQZ 和 QZ 分别代表经萃取反萃取实验分离得到的萃余煤、精煤、沥青质和轻质组分。

表 3-1　　　　　　　　　　　元素分析数据

煤样	C_{ad}／%	H_{ad}／%	O_{ad}／%	N_{ad}／%	S_{ad}／%
XY（新峪）	89.02	4.63	2.27	1.72	2.30

表 3-2 工业分析数据

煤样	族组分	$M_{ad}/\%$	$A_{ad}/\%$	$V_{ad}/\%$	$FC_{ad}/\%$
XY(新峪)	YM(原煤)	0.69	10.13	22.18	77.82
	CY(萃余煤)	2.90	9.68	23.15	76.85
	JM(精煤)	1.60	5.55	29.17	70.83
	LQZ(沥青质)	3.82	0.92	40.90	59.10

3.2.2 全组分分离实验测定有机硫赋存规律与分布

族组分(采用 200 g/次萃取反萃取实验装置进行了族组分分离)形态硫的分布分析结果如表 3-3 所示。

表 3-3 新峪精煤各族组分中形态硫分布

煤样	族组分	产率$_d/\%$	$S_{t,d}/\%$	$S_{s,d}/\%$	$S_{p,d}/\%$	无机硫$_d/\%$	$S_{o,d}/\%$
XY(新峪)	YM(原煤)	—	2.30	0.04	0.23	0.27	2.03
	CY(萃余煤)	89.43	2.22	0.02	0.13	0.15	2.07
	JM(精煤)	3.89	4.16	0.13	0.13	0.27	3.89
	LQZ(沥青质)	3.38	5.06	0.00	0.02	0.02	5.04
	QZ(轻质组)	3.30	2.24	—	—	2.24	0.00

通过以上分析可得到如下结论：

(1) 新峪精煤组分分布以有机硫为主,其含量占总硫的 83% 以上,其中 90% 左右的有机硫分布于大分子结构的萃余煤中,而轻质组分则几乎不含有机硫。

(2) 有机硫在各族组分中的相对含量按沥青质组分＞精煤组分＞萃余煤组分＞轻质组分的规律降低。

3.2.3 新峪精煤煤样 S_{2p} 的 XPS 峰归属及相对含量

实验仪器是 Thermo ESCALAB250 型 X 射线光电子能谱仪,X 射线激发源：单色 Al Kα ($h\nu=1\,486.6$ eV),功率 150 W,X 射线束斑 500 μm,能量分析器固定透过能为 30 eV,以 C1s(284.6 eV)为定标标准,进行校正。实验利用 XPS Peak 拟合方法拟合,拟合谱图以.dat 文件输出。根据谱图中的官能团结合能位置解析硫的形态,根据峰面积计算各种形态硫所占的百分含量。对山西精煤中有机硫的分峰拟合结果如图 3-1 所示,煤样 S_{2p} 的 XPS 峰归属及相对含量见表 3-4。

结论如下：

煤中有机硫的三种主要赋存形态的相对含量从高到低依次是硫醇(醚)、噻吩、(亚)砜。

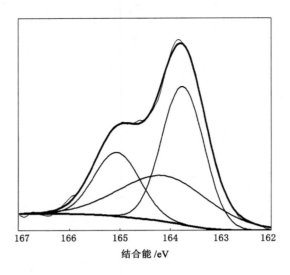

图 3-1　S_{2p} 的 XPS 拟合谱图

表 3-4　　　　　　　　　　　煤样 S_{2p} 的 XPS 峰归属及相对含量

结合能/eV	归属基团	峰面积	相对含量/%
165.05	（亚）砜	325.64	22.72
164.10	噻吩	457.80	31.94
163.75	硫醇（醚）	650.03	45.34

3.2.4　煤全组分分离实验

3.2.4.1　煤全组分分离实验装置

煤全组分分离实验装置如图 3-2 所示。

3.2.4.2　煤全组分分离实验流程图

煤全组分分离实验流程如图 3-3 所示。

3.2.4.3　煤全组分分离实验结果

通过煤全组分分离实验可得到新峪精煤及各族组分中 GC/MS 可检测含硫小分子化合物，共有 8 种，其中噻吩类硫 5 种，硫醇（醚）类硫 3 种。新峪煤有机硫分布图如图 3-4 所示。

具体可检测含硫小分子结果如图 3-5 至图 3-8 所示。

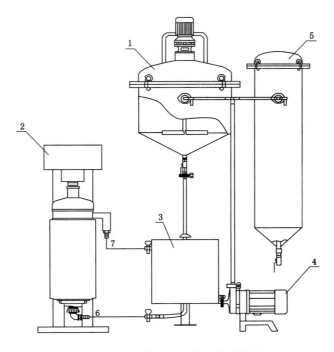

图 3-2　煤全组分分离实验装置

1——萃取器;2——离心机;3——集液桶;4——真空泵;5——分离器;6——进料口;7——出料口

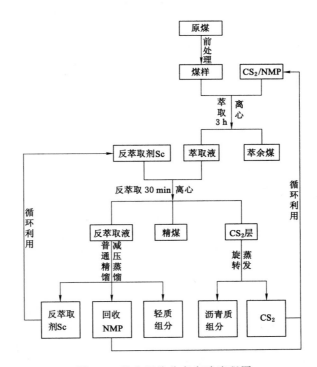

图 3-3　煤全组分分离实验流程图

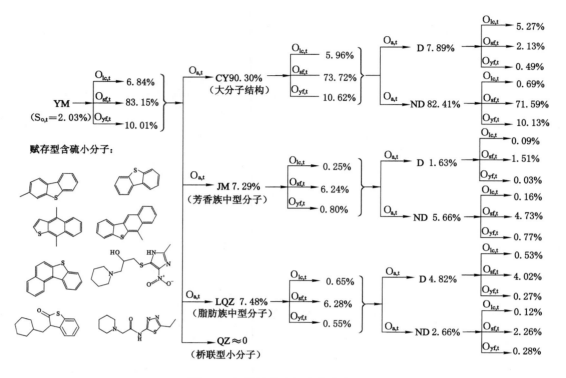

图 3-4　新峪精煤有机硫的分布图

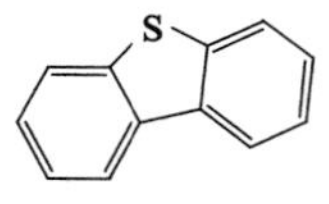

二苯并噻吩

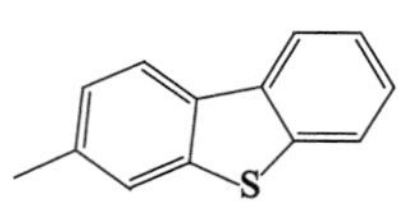

3-甲基-二苯并噻吩

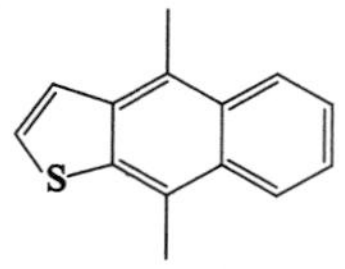

4,9-二甲基-萘并[2,3-b]噻吩 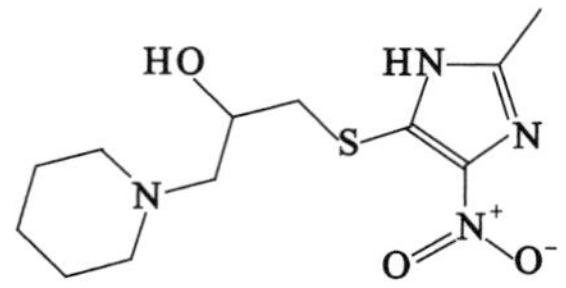　　1-(2-甲基-5-硝基-3H-咪唑-4-r硫烷基)-3-哌啶-1-基-丙烷-2-醇

图 3-5　原煤中可检测含硫小分子化合物的结构式

1-(2-甲基-5-硝基-3H-咪唑-4-基硫烷基)-3-哌啶-1-基-丙烷-2-醇　　　3-哌啶-1-基甲基-3H-苯并噻唑-2-酮

图 3-6　萃余煤组分中可检测含硫小分子化合物的结构式

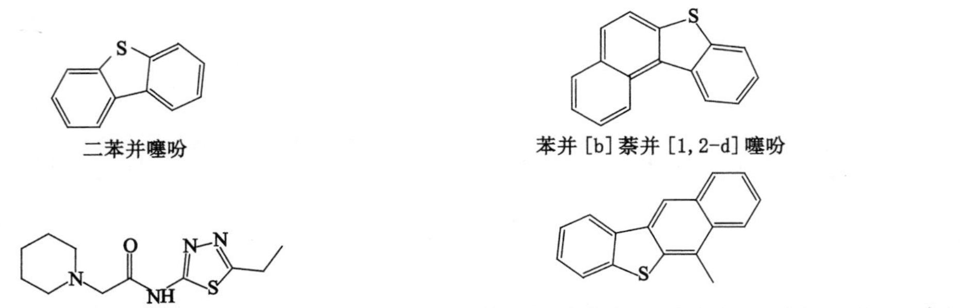

二苯并噻吩

苯并 [b] 萘并 [1,2-d] 噻吩

N-(5-乙基 -[1,3,4] 噻二唑 -2-基)

6-甲基 -苯并 [b] 萘并 [2,3-d] 噻吩 -2-哌啶 -1-基 -乙酰胺

图 3-7　沥青质组分中可检测含硫小分子化合物的结构式

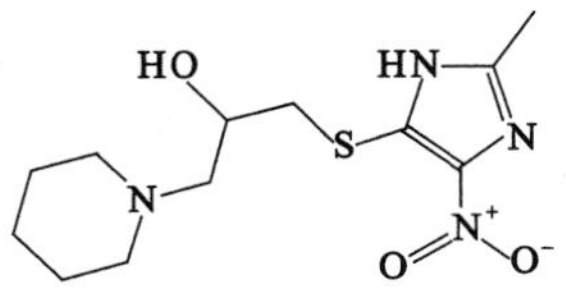

1-(2-甲基 -5-硝基 -3H-咪唑-4-基硫烷基)-3-哌啶 -1-基 -丙烷 -2-醇

图 3-8　轻质组分中可检测含硫小分子化合物的结构式

3.3　本章小结

（1）利用全组分分离实验测定有机硫赋存规律与分布得到如下结论：

① 新峪精煤以有机硫为主,其含量占总硫的 83% 以上,其中 90% 左右的有机硫分布于大分子结构的萃余煤中,而轻质组分则几乎不含有机硫。

② 有机硫在各族组分中的相对含量按沥青质组分＞精煤组分＞萃余煤组分＞轻质组分的规律降低。

（2）对煤样 XPS 峰进行了归属并计算出煤中有机硫相对含量,得到了如下结论：

煤中有机硫的三种主要赋存形态的相对含量从高到低依次是硫醇(醚)、噻吩、(亚)砜。

（3）通过煤全组分分离实验可得到新峪精煤及各族组分中 GC/MS 可检测含硫小分子化合物共有 8 种,其中噻吩类硫 5 种,硫醇(醚)类硫 3 种。

4 新峪煤局部结构及含硫模型化合物性质研究

4.1 引言

煤中硫的存在一直是影响煤炭加工和利用的主要问题,它的存在不仅影响煤的工业利用,也影响人类赖以生存的生态环境。煤中有机硫约占含硫物总量的 $30\%\sim50\%$[122],其结构和形态具有复杂性和多样性。大量研究发现[123-124]有机硫主要有以下几种:硫醇类、硫醚类和噻吩类。对煤中有机硫性质的研究,可以为煤中硫的脱除提供理论基础。

煤中大部分的无机硫和部分活泼脂肪硫在热解过程中易于析出,而芳香有机硫则难于脱除[125]。硫主要是伴随着热解过程中挥发分的析出而析出的,故深入研究煤中硫,尤其是煤中芳香类有机含硫物质在降解过程中发生的化学反应及迁移规律尤为重要。在本章中,通过对新峪煤样的分析,采用实验方法分析所得含硫化合物作为类煤结构的含硫模型,采用量子化学计算方法深入地了解各类含硫模型化合物性能及新峪煤的反应活性点。

二苯并噻吩、噻吩衍生物是自然界中存在的含硫杂原子的环状化合物之一,不仅是重要的有机合成中间体,而且作为医药、农药、机能性材料等的基本骨架近年来被广泛利用[126-129]。这类化合物较难被降解,并且比多环芳烃以及含氮杂环化合物更具有致癌性[130]。其一般有芳香性,稳定性较高,是较难脱除的一类有机硫,在石油和高硫低质煤脱硫的研究中占据举足轻重的位置。煤的加工利用在能源结构以煤为主的中国仍占据主导地位,煤利用过程中产生一定量的含硫杂环多环芳烃物质,虽然这类化合物产生途径与具体热加工工艺条件有关,但煤结构本身含有的含硫杂环多环芳烃对其有一定影响,无论从回收这些有用的化工原料还是防止其释放到环境危害身体健康考虑,都应对煤中含硫杂环多环芳烃物质进行研究。吴群英等对 FCC 过程中噻吩类硫化物的裂化脱硫机理和转化途径进行了综述,并从转化率和选择性出发,分析了不同结构的噻吩类硫化物的反应特点,说明带有烷基侧链的噻吩和苯并噻吩均具有较高的转化活性[131]。尹浩等采用改装的 Pyrolysis—GCT 高分辨飞行时间质谱仪和同步辐射光电离飞行时间质谱仪来研究两种不同含硫量的煤中苯并噻吩等在热解过程中的逸出动态特征与规律,为煤热解过程中硫的转化与释放控制提供参考[132]。李建源等对苯并噻吩的结构特征、合成方法及其主要衍生物的合成、性质作了介绍[133]。本章主要探讨煤中低相对分子质量含硫多环芳烃的特性,为煤的清洁利用提供必要的基础信息。

4.2 计算方法

DFT 理论应用计算是在 Materials studio 6.0 软件包中的 Dmol³ 模块中进行,计算参数主要设置为：采用 GGA 方法，泛函形式为 PW91，能量 2.00×10^{-5} Ha，能量梯度 1.00×10^{-2} Ha/Bohr，基组选用 DND 基组，选用非限制自旋极化，SCF 收敛控制、数字积分精度和轨道断点都设置为 medium 关键字，密度多极展开采用 octupole。计算出了相应的电子能量和原子电荷；熵、焓和零点振动能（ZeroPointVibrationalEnergy，ZPVE）通过对频率的分析获得；可以给出振动光谱简正振动分析和光谱参数、热力学参数（Gibbs 自由能、熵、焓、热容等）、零点振动能（ZPVE）、偶极矩、布居数分析等。

4.3 结果与讨论

4.3.1 分子结构

图 4-1 为优化后的二苯并噻吩键长分布图，从图我们可以得到在噻吩环和苯环上键长相对 C—H 之间的键长要长，并且在环上 C—S 键的键长为 1.760 Å，相对环上 C—C 之间的键长要长，主要是因为 C—S 之间是单键的原因，也就是从键长分布情况分析说明在环上 C—S 键比较容易断裂。表 4-1 中为二苯并噻吩模型化合物中键角分布情况。由于供电子在苯环上的取代破坏了苯环的对称性，所以会使在取代位置处键角小于 $120°$ 而在邻位和间位稍微大于 $120°$，在二苯并噻吩分子中我们可观察到取代点处键角 C12—C13—C8 是 $118.50°$，邻位点键角 C13—C8—C9 为 $121.72°$，间位点键角 C12—C13—C1 为 $129.34°$ 也比 $120°$ 大。在杂环中键参数会比在苯环中发生更多的变化，键角的变化是由于中心原子的电负性、孤对电子的出现和双键的结合的原因。所以在苯并噻吩模型化合物中可观察到 C6—S7—C8 为 $91.27°$ 比杂环中其他处键角要小。

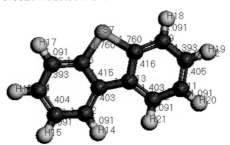

图 4-1 二苯并噻吩键长分布图

4.3.2 Mulliken 电荷

优化后的二苯并噻吩分子中各原子的 Mulliken 电荷分布见表 4-2。由于 C 原子电负性比 S 和 H 原子大，因此，分子中大部分 C 原子带有负电荷。这是因为它们较强烈地吸引相连的 S 原子或 H 原子上的电荷，使其自身带上较大负电荷。S 原子带负电荷，H 原子带有正电荷。因主环上 C、S 原子正负电荷均不相等，致使环主体苯环带 0.566 和 0.596 的负电荷，噻吩环带 0.698 的负电荷。在由电荷控制的反应中，原子的负电荷越多，其受亲电试剂进攻的可能性越大；反之，原子的正电荷越多，则受亲核试剂进攻的可能性越大。因此，噻吩环上的 S 原子可能是受亲电试剂进攻的可能性作用点。

表 4-1 二苯并噻吩键角计算值

键角	计算值	键角	计算值	键角	计算值
C1C6S7	112.20	C12C13C8	118.50	H18C9C10	120.71
C6S7C8	91.271	C13C8C9	121.72	C9C10H19	119.55
S7C8C13	112.20	H14C2C3	120.41	H19C10C11	119.86
C8C13C1	112.141	C2C3H15	119.7	C10C11H20	119.69
C13C1C6	112.19	H15C3C4	119.70	H20C11C12	119.76
C1C6C5	121.73	C3C4H16	119.92	C11C12H21	120.21
C5C4C3	120.57	H16C4C5	119.50	H21C12C13	119.74
C4C3C2	120.59	C4C5H17	120.68	C12C13C1	129.34
C3C2C1	120.00	H17C5C6	120.76	C13C1C2	129.26
C2C1C6	118.55	C5C6S7	126.0	C1C2H14	119.26
C9C10C11	120.59	S7C8C9	126.09		
C10C11C12	120.55	C8C9H18	120.72		

表 4-2 二苯并噻吩分子中各原子电荷分布情况

Atom	Charge	Atom	Charge	Atom	Charge
C1	0.176	C8	0.108	H15	0.169
C2	−0.174	C9	0.114	H16	0.172
C3	−0.243	C10	0.243	H17	0.174
C4	0.144	C11	−0.174	H18	0.172
C5	0.108	C12	−0.176	H19	0.169
C6	−0.225	C13	−0.225	H20	0.170
S7	−0.180	H14	0.170	H21	0.174

4.3.3 红外、拉曼光谱

在有机化合物的结构鉴定与研究工作中,红外光谱法是一种重要的手段。用它可以确定化合物中某一特殊键或官能团是否存在。Roberto Rodrigues Coelho 等提出了一种新的研究噻吩类的方法,利用量子化学从头算 Hartree-Fock 方法,在 6-31g(d)水平,计算得到有机硫化合物的红外光谱。根据这些理论的红外光谱就可能确定有机硫化合物中 C—S 键的振动转变,并且得到这些化合物的实验红外光谱和相应的 C—S 键振动频率[134]。在结构优化的基础上,在相同的计算水平上计算了二苯并噻吩的振动光谱。二苯并噻吩属于 C_{2v} 群,有 21 个原子,对应有 57 个振动模式。理论计算所得到的部分特征红外光谱与实验光谱及理论计算拉曼光谱见图 4-2。由图 4-2 可见,二苯并噻吩主要有以下几个强吸收峰:735.72 cm^{-1} 属 C═C—H 面外弯曲振动对应在拉曼谱图中是 691.03 cm^{-1};3 137.70 cm^{-1} 归属为 C—H 伸缩振动,在拉曼光谱中为 3 147.11 cm^{-1};1 429.74 cm^{-1} 归属为 C—H 弯曲振动或苯基中 C—C 伸缩振动,拉曼光谱中对应的是 1 459.92 cm^{-1};1 050.97 cm^{-1} 属芳香 C—H 非平面弯曲振动,在拉曼谱图中与之对应的是1 028.23 cm^{-1};

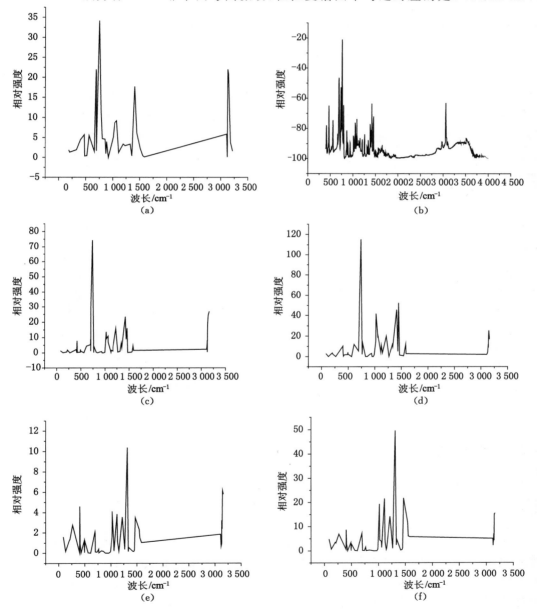

图 4-2　二苯并噻吩的振动光谱

（a）二苯并噻吩红外理论计算谱;（b）二苯并噻吩红外实验谱;（c）二苯并噻吩振动光谱;
（d）二苯并噻吩在水溶剂中振动光谱;（e）二苯并噻吩拉曼谱;（f）二苯并噻吩在水溶剂中的拉曼谱

502.82 cm^{-1}归属为非平面 C—S—C 弯曲振动,在拉曼谱图中为 507.53 cm^{-1};429.89 cm^{-1}属 C—C—C 非平面弯曲振动,在拉曼谱图中对应为 411.86 cm^{-1}。从图中比较二苯并噻吩红外理论光谱和实验光谱强度有些不同,但相对谱线位置是对应的。从而也说明我们理论计算数据的正确性。并且从图(d)和图(f)中可得到,加入溶剂后由于溶剂作用使谱图强度有稍微变化。

4.3.4 二苯并噻吩的态密度(DOS)及局域态密度(PDOS)分析

态密度(Density of State,DOS)是指在一定能量范围内的能级数。它是分子能带纵坐标的投影,是表征分子电子结构、反映分子中各能级电子分布状况的重要物理量。而局域态密度(PDOS)是指各个原子对电子密度的贡献,即将 DOS 对应到各个原子轨道上。相关研究可参见相关文献[134-135]。因为从最低未占分子轨道、最高已占分子轨道分析,硫原子都是活性原子,所以我们主要给出了图 4-3 二苯并噻吩的态密度(DOS)和硫的局域态密度(PDOS)图,从图中可得硫在态密度的贡献还是比较多的,另外通过硫的局域态密度分析主要是硫的 p 轨道的贡献。

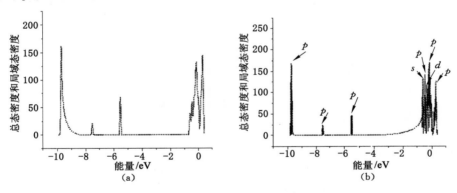

图 4-3　二苯并噻吩的态密度分布图

(a) 二苯并噻吩的态密度分布图;(b) 硫的局域态密度图

4.3.5 热力学性质

采用量子化学计算方法对二苯并噻吩进行几何构型优化并对其进行频率分析,可以得到二苯并噻吩的热力学函数,根据统计热力学,对苯并噻吩进行振动分析,求其在 25～1 000 K 的热力学性质。

图 4-4 显示了苯并噻吩的热力学函数计算结果与温度在 25～1 000 K 范围的对应关系。在 298.15 K,苯并噻吩的熵(S)、热容(C_p)、焓(H)和自由能(G)的计算结果分别为 95.314 cal/(mol·K)、41.775 cal/(mol·K)、105.180 kcal/mol、76.508 kcal/mol,随温度升高,标准摩尔熵(S)、标准恒压摩尔热容(C_p)、标准摩尔焓(H)热力学函数均增大,标准摩尔吉布斯自由能(G)减小,直到温度接近 800 K 出现负值。根据图 4-4 数据,经过拟合求得苯并噻吩热力学性质与温度的函数关系式如式(4-1)～式(4-4)所示,这些关系式可为进一步研究此模型化合物的其他物化性能及低质高硫煤的燃烧性质提供基础数据。

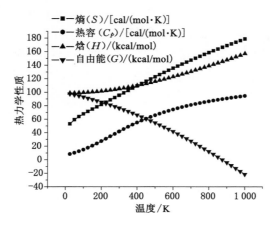

图 4-4　二苯并噻吩热力学性质与温度的关系

$$S = 5.094 + 0.159T - 3.055 \times 10^{-5} T^2 \tag{4-1}$$

$$C_p = -0.565 + 0.166T - 7.022 \times 10^{-5} T^2 \tag{4-2}$$

$$H = 97.457 + 0.014T + 4.772 \times 10^{-5} T^2 \tag{4-3}$$

$$G = 99.325 - 0.057T - 6.401 \times 10^{-5} T^2 \tag{4-4}$$

拟合系数 R^2 均大于 0.999。可见,在整个温度范围内,四种热力学性质关系式中二次方系数都很小,因此热力学函数与温度的关系近似为线性关系。

4.3.6　反应活性

Fukui 指数[136]是研究分子的化学活性点位和强弱及确定活性区域的亲核或亲电特性的有效方法。f(−)是亲电攻击指数,表示分子中该原子给电子能力的强弱;f(+)为亲核攻击指数,表示分子中该原子得电子能力的强弱,数值越大,给/得电子能力越强。二苯并噻吩的亲电与亲核反应的 Fukui 指数图列于表 4-3,从表中可以看出,亲电反应中心主要在 S7、C3、C5、C9、C11、C12、C2、C13,亲核反应中心主要在 C1、C2、C4、C5、C9、C10、C12、C13 上。

表 4-3　　　　　　　　　　　　　　　Fukui 指数和前线轨道

Fukui 指数		前线轨道	
Nucleophilic attack f(+)	Electrophilic attack f(−)	HOMO	LUMO

前线轨道理论认为,最低未占分子轨道(LUMO)和最高已占分子轨道(HOMO)决定分子的电子得失和转移能力,即亲电试剂最易进攻 HOMO 最大电荷密度的原子(亲核活性点);亲核试剂最易进攻 LUMO 电荷密度最大的原子(亲电活性点)。能隙 $\Delta E = E_L - E_H$ 的大小,反映电子从占据轨道向空轨道电子跃迁的能力,一定程度上可以代表其化学反应活性。其差值越大,分子稳定性越强;反之,分子越不稳定,越易参与化学反应。二苯并噻吩的计算结果为 $E_H = -0.192\,22$ Ha,$E_L = -0.067\,15$ Ha,$\Delta E = E_L - E_H = 0.125\,07$ Ha。根据分子轨道理论,在电化学聚合和反应期间,分子带有负电荷的原子将给电子,主要发生在前线轨道分子和轨道附近的活性分子之间。对于二苯并噻吩,负电荷主要集中在 C1,C2,C3,C6,S7,C10,C11,C12,C13 上,最高已占分子轨道主要分布在 S7,C3,C5,C9,C11,C12,C2,C13 位置,而最低未占分子轨道主要分布在 C1,C2,C4,C5,C9,C10,C12,C13 上。

4.4　新峪精煤中八种含硫模型化合物性质比较

为了系统地了解新峪精煤中八种含硫模型化合物性能情况,我们分别计算了新峪精煤中八种含硫模型化合物的键长、前线分子轨道、振动光谱、热力学性质、系统总能、结合能、自旋极化能、零点振动能及偶极矩等。

表 4-4 中为优化后的新峪精煤中八种含硫模型化合物键长分布情况,从各图我们可以得到在噻吩环和苯环上键长相对 C—H 之间的键长要长,并且在环上 C—S 键的键长相对环上 C—C 之间的键长要长,主要是因为 C—S 之间是单键的原因,也就是从键长分布情况分析说明 C—S 键比较容易断裂;表 4-5 为新峪精煤中八种含硫模型化合物前线分子轨道分布情况,根据分子轨道理论,在电化学聚合和反应期间,分子带有负电荷的原子将给电子,主要发生在前线轨道分子和轨道附近的活性分子之间。对于新峪精煤中八种含硫模型化合物,最高占据分子轨道或最低未占据分子轨道主要分布在 S 上,说明硫原子是亲核活性点或是亲电活性点;表 4-6 给出了新峪精煤中八种含硫模型化合物总能、结合能、电偶极矩等分布情况,说明了各含硫模型化合物分子的稳定性及电磁特性。由表 4-6 中电偶极矩数据分析可得三种非噻吩类电偶极矩比较大,说明这三种有机含硫化合物极性较强,在电磁场的作用下有较强活性。通过下章新峪煤微波脱硫实验数据,发现经过微波辐照过后的新峪煤硫醇、硫醚类脱除效果较好,而噻吩类相对比较稳定,脱除率不高。两者验证结果相互吻合;表 4-7 为新峪精煤中八种含硫模型化合物振动光谱,说明各分子中各振动基团的振动频率及相应的振动强度;表 4-8 为新峪精煤中八种含硫模型化合物热力学性质,从图我们可以得到各含硫模型化合物的熵(S)、热容(C_p)、焓(H)和自由能(G)随温度变化情况;表 4-9 是新峪精煤中八种含硫模型化合物 Mulliken 电荷分布情况,在由电荷控制的反应中,原子的负电荷越多,其受亲电试剂进攻的可能性越大;反之,原子的正电荷越多,则受亲核试剂进攻的可能性越大。因此,含硫模型化合物中的 S 原子可能是受亲电试剂进攻的可能性作用点。

表 4-4　　　　　　　　　　　**新峪精煤中八种含硫模型化合物键长分布情况**

1. 二苯并噻吩

2. 苯并[b]萘并[1,2-d]噻吩

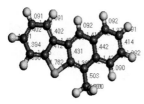

3. 6-甲基-苯并[b]萘并[2,3-d]噻吩

4. 3-甲基-二苯并噻吩

5. 4,9-二甲基-萘并[2,3-b]噻吩

6. 1-(2-甲基-5-硝基-3H-咪唑-4-基硫烷基)-
3-哌啶-1-基-丙烷-2-醇

7. 3-哌啶-1-基甲基-3H-苯并噻唑-2-酮

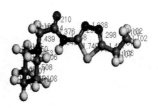

8. N-(5-乙基-[1,3,4]噻二唑-2-基)-
2-哌啶-1-基-乙酰胺

表 4-5   **新峪精煤中八种含硫模型化合物前线分子轨道分布情况**

 1. 二苯并噻吩 HOMO	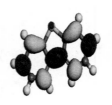 1. 二苯并噻吩 LUMO	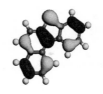 2. 苯并[b]萘并[1,2-d] 噻吩 HOMO	 2. 苯并[b]萘并[1,2-d] 噻吩 LUMO
 3. 6-甲基-苯并[b] 萘并[2,3-d]噻吩 HOMO	 3. 6-甲基-苯并[b] 萘并[2,3-d]噻吩 LUMO	 4. 三-甲基- 二苯并噻吩 HOMO	 4. 三-甲基- 二苯并噻吩 LUMO
 5. 4,9-二甲基- 萘并[2,3-b]噻吩 HOMO	 5. 4,9-二甲基- 萘并[2,3-b]噻吩 LUMO	 6. 1-(2-甲基-5- 硝基-3H-咪唑-4- 基硫烷基)-3-哌啶-1- 基-丙烷-2-醇 HOMO	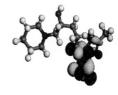 6. 1-(2-甲基-5- 硝基-3H-咪唑-4- 基硫烷基)-3-哌啶-1- 基-丙烷-2-醇 LUMO
 7. 3-哌啶-1- 基甲基-3H-苯并噻唑-2 -酮 HOMO	 7. 3-哌啶-1- 基甲基-3H-苯并噻唑 -2-酮 LUMO	 8. N-(5-乙基-[1,3,4] 噻二唑-2-基)-2-哌啶- 1-基-乙酰胺 HOMO	 8. N-(5-乙基-[1,3,4] 噻二唑-2-基)-2-哌啶-1- 基-乙酰胺 LUMO

表 4-6   **新峪精煤中八种含硫模型化合物总能、结合能、电偶极矩等分布情况**

	1	2	3	4	5	6	7	8
E_H/eV	−3.524	−3.654	−4.934	−5.168	−4.637	−4.902	−5.355	−5.490
E_L/eV	−1.826	−2.174	−2.282	−1.727	−2.072	−2.886	−1.437	−1.975
E_G/eV	1.698	1.480	2.652	3.441	2.565	2.016	3.918	3.515
总能/Ha	−860.278	−1 013.906	−1 013.908	−899.586	−938.886	−1 342.378	−1 080.810	−1 115.077
结合能/Ha	−4.265	−5.591	−5.593	−4.746	−5.219	−7.942 331	−6.561	−6.537
零点振动能 /(cal/mol)	98.771	127.013	127.301	115.682	132.336	220.085	168.751	180.112
自旋极化能 /[cal/(mol·K)]	1.025	1.324	1.324	1.165	1.305	1.546	1.546	1.745
S_{Vib}/[cal/(mol·K)]	22.582	29.783	33.569	29.673	37.078	76.142	46.565	59.294
S_{Rot}/[cal/(mol·K)]	31.090	32.802	32.858	31.679	32.089	35.026	33.099	33.646
S_{Trans}/[cal/(mol·K)]	41.540	42.256	42.256	41.758	41.962	43.132	42.429	42.501
S_{Total}/[cal/(mol·K)]	95.212	104.841	108.682	103.110	111.130	154.300	122.093	135.440
偶极矩 /debye	0.517 2	0.351 6	0.223 3	0.781 1	0.480 3	9.427 1	3.435 5	7.078 8

表 4-7   **新峪精煤中八种含硫模型化合物振动光谱**

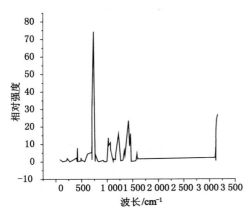

1. 二苯并噻吩

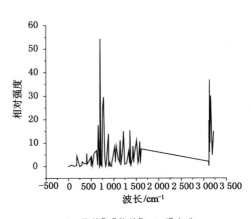

2. 苯并[b]萘并[1,2-d]噻吩

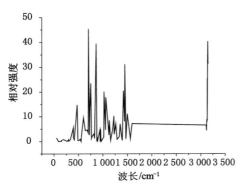

3. 6-甲基-苯并[b]萘并[2,3-d]噻吩

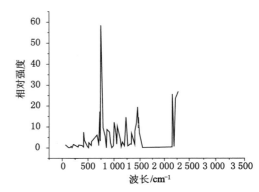

4. 三-甲基-二苯并噻吩

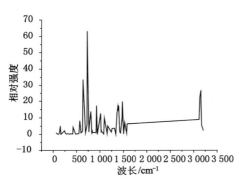

5. 4,9-二甲基-萘并[2,3-b]噻吩

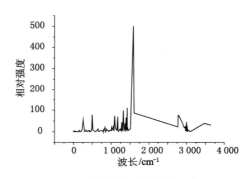

6. 1-(2-甲基-5-硝基-3H-咪唑-4-基硫烷基)-3-哌啶-1-基-丙烷-2-醇

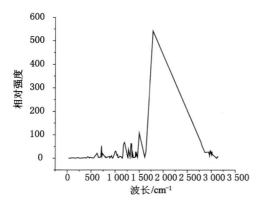

7. 3-哌啶-1-基甲基-3H-苯并噻唑-2-酮

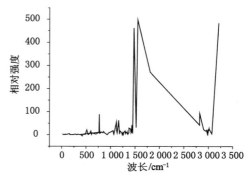

8. N-(5-乙基-[1,3,4]噻二唑-2-基)-2-哌啶-1-基-乙酰胺

表 4-8　　　　　　　　　　　　　**新峪精煤中八种含硫模型化合物热力学性质**

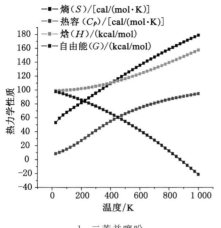

1. 二苯并噻吩

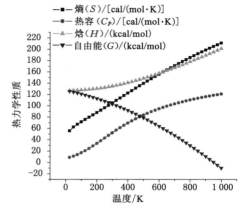

2. 苯并[b]萘并[1,2-d]噻吩

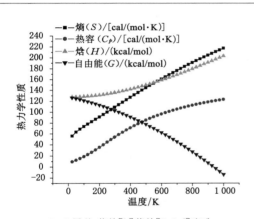

3. 6-甲基-苯并[b]萘并[2,3-d]噻吩

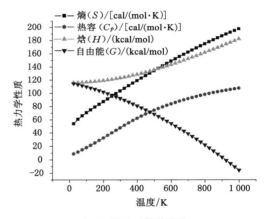

4. 三-甲基-二苯并噻吩

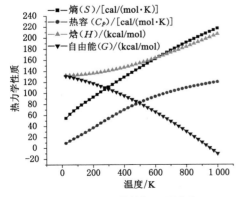

5. 4,9-二甲基-萘并[2,3-b]噻吩

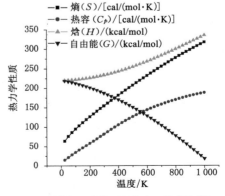

6. 1-(2-甲基-5-硝基-3H-咪唑-4-基硫烷基)-
3-哌啶-1-基-丙烷-2-醇

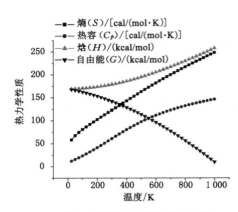

7. 3-哌啶-1-基甲基-3H-苯并噻唑-2-酮

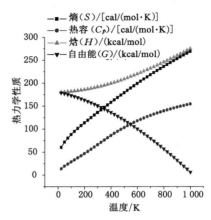

8. N-(5-乙基-[1,3,4]噻二唑-2-基)-
   2-哌啶-1-基-乙酰胺

表 4-9　　　　新峪精煤中八种含硫模型化合物 Mulliken 电荷分布情况

原子	电荷	原子	电荷	原子	电荷	原子	电荷	原子	电荷	原子	电荷	原子	电荷	原子	电荷
C1	0.108	C1	−0.224	C1	−0.176	C1	0.151	C1	0.060	C1	−0.394	C1	0.344	C1	−0.398
C2	0.114	C2	0.112	C2	−0.226	C2	−0.271	C2	0.063	C2	−0.391	C2	−0.281	C2	−0.289
C3	0.113	C3	0.046	C3	0.110	C3	0.112	C3	0.050	C3	−0.296	C3	−0.205	N3	−0.325
C4	0.108	C4	0.055	C4	0.111	C4	0.105	C4	0.051	N4	−0.264	C4	−0.209	C4	−0.302
S5	−0.180	C5	0.098	C5	−0.243	C5	−0.24	C5	0.048	C5	−0.298	C5	−0.280	C5	−0.396
C6	−0.224	C6	−0.219	C6	−0.173	C6	−0.22	C6	0.099	C6	−0.387	C6	0.147	C6	−0.398
C7	−0.176	S7	−0.176	C7	0.112	C7	0.114	C7	−0.216	C7	−0.348	N7	−0.286	C7	−0.422
C8	−0.175	C8	0.112	C8	0.106	C8	0.106	C8	−0.179	C8	0.042	C8	0.445	C8	0.453
C9	−0.242	C9	0.087	S9	−0.183	S9	−0.183	C9	−0.179	C9	−0.436	S9	−0.233	O9	−0.369
C10	−0.224	C10	−0.253	C10	−0.278	C10	−0.223	C10	−0.219	C10	−0.445	C10	−0.269	N10	−0.573
C11	−0.176	C11	−0.174	C11	0.108	C11	−0.180	S11	−0.155	S11	−0.112	N11	−0.262	C11	0.405
C12	−0.175	C12	−0.180	C12	0.115	C12	−0.174	C12	−0.149	C12	0.387	C12	−0.300	N12	−0.164
C13	−0.242	C13	−0.219	C13	−0.300	C13	−0.243	C13	−0.203	N13	−0.277	C13	−0.299	S13	−0.252
H14	0.174	C14	−0.249	C14	−0.216	C14	−0.634	C14	−0.670	C14	0.191	C14	−0.395	C14	0.280
H15	0.170	C15	−0.172	C15	−0.179	C15	0.172	C15	−0.666	C15	0.319	C15	−0.397	N15	−0.163
H16	0.169	C16	−0.182	C16	−0.177	C16	0.171	H16	0.172	N16	−0.555	C16	−0.393	C16	−0.500
H17	0.172	C17	−0.215	C17	−0.221	C17	0.166	H17	0.165	O17	−0.627	O17	−0.399	C17	−0.626
H18	0.174	H18	0.172	H18	0.172	H18	0.173	H18	0.165	N18	0.321	H18	0.213	H18	0.204
C19	0.170	C19	0.177	C19	0.175	C19	0.169	H19	0.172	O19	−0.370	H19	0.191	H19	0.212
H20	0.169	H20	0.190	H20	0.174	H20	0.168	H20	0.184	O20	−0.311	H20	0.192	H20	0.218
H21	0.172	H21	0.170	H21	0.170	H21	0.171	H21	0.175	C21	−0.771	H21	0.199	H21	0.178

4.5 新峪煤局部结构与反应性

对新峪煤（XY）全组分分离实验结果进行分析，通过分峰详细分析了谱图，得到和 XY 结构相关的信息并结合元素分析等测试结果，利用计算机辅助分子设计构建了 XY 的初始局部结构。

4.5.1 几何构型分析

图 4-5 为构建的新峪煤局部结构图，图 4-6 中给出的是经过半经验方法优化后新峪煤局部结构模型。比较图 4-5 与图 4-6 可以看出，经过量化计算后的结构模型的构型发生了一定程度的改变，但是芳环之间还是以尽可能平行的方式排列。图 4-7 显示 XY 结构模型的原子编号。图 4-8 中给出了优化后 XY 结构模型中的键长分布。同种元素原子之间形成不同化学键，其键长越短，键能就越大，键就越牢固。煤的裂解是分子结构中键能较弱的键发生均裂产生活性自由基的反应，因此比较同类型化学键的键长，可以定性地描述大分子结构在降解中可能发生均裂的活性位，了解降解与结构之间的关系。根据对图 4-8 中键长的分析，C—S 键的键长明显要比 C—C 键的键长小，这是由于硫原子的电负性比碳原子大，硫原子吸引电子的结果，使得碳硫 σ 键的长度比碳碳 σ 键短。从图 4-8 我们可以得到，在噻吩环和苯环上键长相对 C—H 之间的键长要长，并且在环上 C—S 键的键长相对环上 C—C 键的键长要长，主要是因为 C—S 之间是单键的原因，也就是从键长分布情况分析说明 C—S 键比较容易断裂。按照键长大小来反映键的活性的话，C—S 键首先在 C88—S89、C125—S126、C41—S40、C3—S9 等处发生断裂。在 XY 结构中交联程度比较高的地区，因该区域分子内的基团之间的非键相互作用产生的空间效应使得部分 C—C 键的键长变长。结构中较长的 C—O 键是脂肪碳原子和氧原子相连的化学键，而较短的则是由芳香碳原子和氧原子相连的化学键。因此 XY 局部结构模型中脂肪碳原子和氧原子相连的醚氧键以及处在交

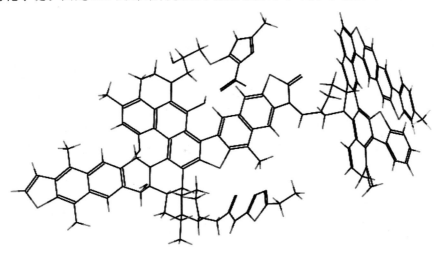

图 4-5　构建的新峪煤局部结构图

联程度较高区域的C—S单键是键的强度比较弱的地方,这些键在煤的降解过程中比较容易发生断裂,活性比较高。键级是描述原子间化学键强弱的定量指标,键级的数值越大,表明原子间化学键越牢固。计算得到的键级数值列于模型化合物结构上,如图4-9所示,从键级分布上我们可得到如下信息:在XY结构模型中C88—S89、C125—S126、C41—S40、C3—S9等处键级的数值比较小,容易断裂。

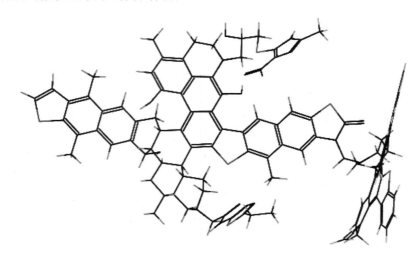

图4-6　新峪煤局部结构能量最小化构型

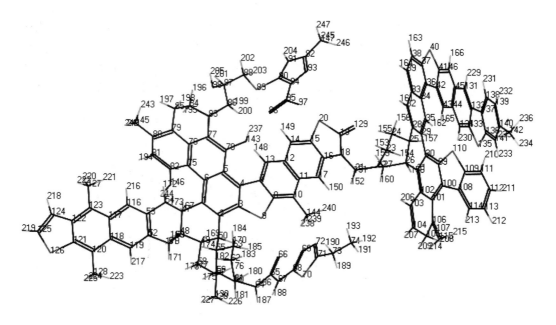

图4-7　新峪煤局部结构的原子编号

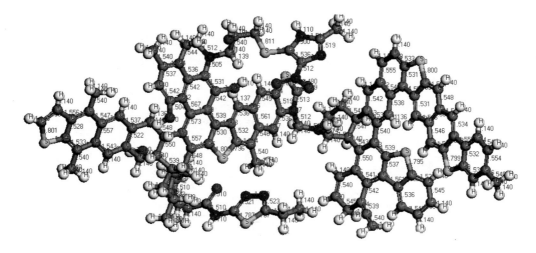

图 4-8　新峪煤局部结构的键长分布

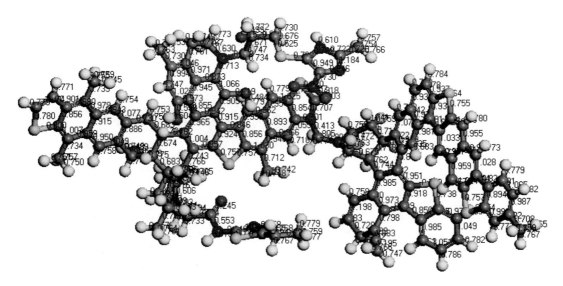

图 4-9　新峪煤局部结构的键级分布

4.5.2　反应活性

最低未占分子轨道(LUMO)和最高已占分子轨道(HOMO)决定分子的电子得失和转移能力,即亲电试剂最易进攻 HOMO 最大电荷密度的原子(亲核活性点);亲核试剂最易进攻 LUMO 电荷密度最大的原子(亲电活性点)。能隙 $\Delta E = E_L - E_H$ 的大小,反映电子从占据轨道向空轨道发生电子跃迁的能力,一定程度上可以代表其化学动力学反应活性。其差值越大,分子稳定性越强;反之,分子越不稳定,越易参与化学反应。新峪煤局部结构中的计算结果为 $E_H = -0.14266$ Ha, $E_L = -0.12879$ Ha, $\Delta E = E_L - E_H = 0.01387$ Ha。根据分子轨道理论,在电化学聚合和反应期间,分子带有负电荷的原子将给电子,主要发生在前线轨道分子和轨道附近的活性分子之间。对于新峪煤局部结构中,最高已占分子轨道主要分布在 S9,C3,C4,C13,C12,C8,C10,C14,C15,C17,C16 位置,而最低未占分子轨道主要分布在 S89,C80,C91,C92,N93,C94,N95,O96,O97 上,如图 4-10 和图 4-11 所示。

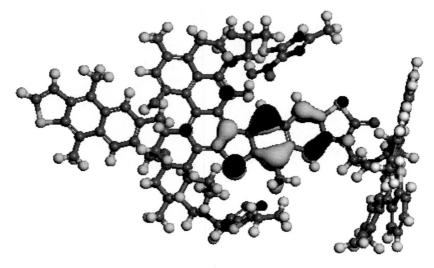

图 4-10 新峪煤局部结构最高占据分子轨道

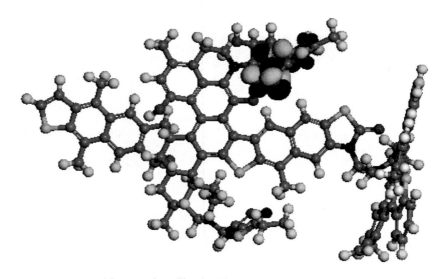

图 4-11 新峪煤局部结构最低未占据分子轨道

4.5.3 Mulliken 电荷布居数分析

表 4-10 给出了几何优化后的新峪局部结构模型的 Mulliken 电荷布居数。由表可以看出,由于 O 原子的电负性比 C 原子高,与 O 原子相连的 C 原子上的电荷都向 O 原子上转移,C═O 双键上的 C 原子所转移的电荷要比 C—O 单键上 C 原子所转移的电荷多,所以 C 原子基本上都带正电荷,但是甲氧基中的 C 原子因为所连氢原子较多则带有一定的负电

荷。结构中 S、N、O 及边缘甲基 C 原子都有较多的负电荷,因此在煤的氧化过程中 S、N、O 及边缘甲基 C 原子更易于发生氧化反应。结构中芳香碳原子所带电荷都非常少,说明芳香结构中由于大 π 键的作用,电子很难发生转移,同时也说明在热解过程中芳香结构很稳定,很难发生开环反应。

表 4-10　　　　　　　　　　新峪煤局部结构的 Mulliken 电荷分布

原子	电荷	原子	电荷	原子	电荷	原子	电荷	原子	电荷	原子	电荷
C1	0.063	C26	−0.326	C51	−0.091	C76	0.012	C101	0.016	S126	−0.135
C2	0.051	C27	−0.313	C52	0.083	C77	0.194	C102	0.032	C127	−0.730
C3	0.051	C28	0.080	C53	0.103	C78	0.163	C103	−0.265	C128	−0.719
C4	0.031	C29	0.041	C54	−0.573	C79	0.055	C104	−0.199	O129	−0.537
C5	−0.002	C30	0.010	C55	−0.217	C80	0.083	C105	−0.492	C130	−0.624
C6	0.003	C31	0.061	C56	−0.165	C81	−0.293	C106	−0.033	C131	−0.307
C7	0.059	C32	−0.291	C57	−0.189	C82	0.172	C107	0.095	C132	0.071
C8	0.052	C33	0.075	C58	−0.424	N83	−0.362	C108	0.064	C133	0.103
S9	−0.096	C34	0.036	O59	−0.628	C84	−0.301	C109	0.064	C134	−0.328
C10	0.045	C35	−0.320	C60	−0.396	C85	−0.496	S110	−0.109	S135	−0.171
C11	0.041	C36	0.031	N61	−0.278	C86	−0.292	C111	−0.274	C136	0.118
C12	0.071	C37	0.103	C62	−0.306	C87	−0.003	C112	−0.209	C137	0.066
C13	−0.282	C38	−0.267	C63	−0.483	C88	−0.416	C113	−0.220	C138	−0.257
C14	−0.298	C39	−0.250	C64	−0.378	S89	−0.036	C114	−0.275	C139	−0.248
C15	0.086	S40	−0.174	C65	0.433	C90	0.242	C115	−0.563	C140	0.123
C16	0.267	C41	0.112	O66	−0.457	N91	−0.600	C116	−0.327	C141	−0.305
C17	−0.341	C42	0.060	N67	−0.617	C92	0.376	C117	0.042	C142	−0.690
N18	−0.374	C43	−0.327	C68	0.433	N93	−0.350	C118	0.039	O143	−0.669
C19	0.489	C44	0.070	N69	−0.221	C94	0.285	C119	−0.313	C144	−0.755
S20	−0.122	C45	0.079	S70	−0.155	N95	0.152	C120	0.032	C145	−0.707
C21	−0.224	C46	−0.307	C71	0.279	O96	−0.360	C121	0.081	O146	−0.622
N22	−0.315	C47	−0.306	N72	−0.233	O97	−0.326	C122	0.062	C147	−0.708
C23	−0.328	C48	−0.223	C73	−0.483	O98	−0.609	C123	0.040		
C24	−0.446	C49	−0.193	C74	−0.613	C99	0.048	C124	−0.249		
C25	−0.255	C50	−0.315	C75	−0.028	C100	0.030	C125	−0.177		

4.5.4　新峪煤局部结构的裂解途径分析

在对模型化合物反应活性分析的基础上,对其在加热条件下可能发生的裂解反应进行了推测。由前面的几何构型和键级分析可知,交联程度比较高的地方和羰基附近的 C—S 具有很高的活性,在加热条件下容易发生断裂。图 4-12 箭头所指的地方是新峪局部结构模型在降解条件下最容易发生断裂的地方,在这个过程中会生成一些气态产物如 CO、H_2S、甲烷等。

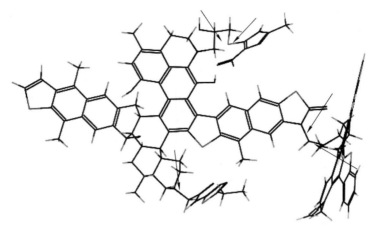

图 4-12　新峪煤局部结构中的活性位

4.6　本章小结

（1）采用 Materials Studio 6.0 软件中的 Dmol[3] 模块对二苯并噻吩的结构和性质进行了理论研究,得到了分子的几何构型、振动频率、态密度（DOS）及局域态密度（PDOS）、各原子上的电荷分布、热力学性质、以及 Fukui 指数和前线分子轨道,计算结果表明:二苯并噻吩分子中的 S 原子是亲电试剂进攻点;硫原子和碳原子是化学反应活性点;从态密度结果可得硫在总态密度的贡献还是比较多的,另外通过硫的局域态密度分析主要是硫的 p 轨道的贡献;亲电反应中心主要在 S7,C3,C5,C9,C11,C12,C2,C13 上,亲核反应中心主要在 C1,C2,C4,C5,C9,C10,C12,C13 上。

（2）从八种含硫模型化合物键长分布图我们可以得到,在噻吩环和苯环上键长相对 C—H 之间的键长要长,并且在环上 C—S 键的键长相对环上 C—C 之间的键长要长,主要是因为 C—S 之间是单键的原因,从键长分布情况分析说明 C—S 键比较容易断裂;对于新峪精煤中八种含硫模型化合物,最高已占分子轨道或最低未占分子轨道主要分布在 S 上,说明硫原子是亲核活性点或是亲电活性点;从新峪精煤中八种含硫模型化合物总能、结合能、电偶极矩等分布情况说明了各含硫模型化合物分子的稳定性及电磁特性,由电偶极矩数据分析可得三种非噻吩类电偶极矩比较大,说明这三种有机含硫化合物极性较强,在电磁场的作用下有较强活性;从新峪精煤中八种含硫模型化合物振动光谱说明各分子中各振动基团的振动频率及相应的振动强度;从新峪精煤中八种含硫模型化合物热力学性质图我们可以得到各含硫模型化合物的熵（S）、热容（C_p）、焓（H）和自由能（G）随温度变化情况;从新峪精煤中八种含硫模型化合物 Mulliken 电荷分布情况得到,含硫模型化合物中的 S 原子可能是受亲电试剂进攻的可能性作用点。

（3）从新峪煤局部结构模型键长和键级分布情况分析说明 C—S 键比较容易断裂。按照键长大小来反映键的活性的话,C88—S89、C125—S126、C41—S40、C3—S9 等易发生断裂。XY 模型结构中脂肪碳原子和氧原子相连的醚氧键以及处在交联程度较高区域的 C—S 单键是键的强度比较弱的地方,这些键在煤的降解过程中比较容易发生断裂,活性比较高;对于新峪煤局部结构,最高已占分子轨道主要分布在 S9,C3,C4,C13,C12,C8,C10,C14,C15,C17,C16 位置,而最低未占分子轨道主要分布在 S89,C80,C91,C92,N93,C94,N95,O96,O97 上;结构中 S、N、O 及边缘甲基 C 原子都有较多的负电荷,因此在煤的氧化过程中 S、N、O 及边缘甲基 C 原子更易于发生氧化反应。

5 含硫模型化合物在外加能量场作用下的性质研究

5.1 引言

　　煤炭是我国的主要能源,主要用于燃烧发电,每年燃煤产生的 SO_2 排放量占总排放量的 85％,酸雨已覆盖国土面积的 40％[137]。目前虽然对煤中硫在热解过程中的迁移规律进行了广泛的研究,但是仍不能利用热解方法经济、有效地脱除煤中的硫。基于微波的穿透性和高介电损耗介质的靶向吸收效应,微波技术是脱除煤中微细矿物和有机硫组分的一种方法。微波是电磁波的一种,频率 $0.3\sim300.0$ GHz,最初用于雷达、电视等通信技术中,后用于化工、生物和分析测试方面。作为一种新型加热技术,它不仅可以加快反应速率,而且可以促进一些难以发生的反应,在煤炭脱硫领域也有相关应用的报道[138]。微波脱硫主要利用微波的选择性加热,在对煤有机质主体结构破坏较小的情况下,脱除煤中硫分。微波脱硫反应条件温和,反应时间快,易于控制,是一种很有发展前景的煤炭脱硫技术。对于微波脱硫已有一些相关的研究[139-149]。我们针对新峪煤进行了微波脱硫实验并且进行了理论模拟计算分析,得出了相关的结论。

5.2 840 MHz 微波辐照前后煤中有机硫相对含量变化

　　选取新峪煤、新阳煤、柳湾煤煤样在南京三乐电子微波实验室开展微波脱硫影响因素实验,考察在 840 MHz 频率、微波功率 5 kW、辐照 10 min 的条件下微波辐照前后煤中有机硫变化情况(见表 5-1)。

表 5-1　　　　　　　　840 MHz 微波辐照前后煤中有机硫相对含量变化

样　品	(亚)砜含量/%	噻吩含量/%	硫醇(醚)含量/%
新峪煤	22.91	28.67	48.42
新峪 840	34.37	48.49	17.14
新阳煤	30.03	60.52	9.45
新阳 840	29.05	69.28	1.67
柳湾煤	38.77	32.54	28.69
柳湾 840	36.27	44.43	19.30

　　由表 5-1 可得,在 840 MHz 微波辐照后,三种有机硫的相对含量都发生了变化。其中,硫醇(醚)类硫含量降低明显,说明煤中硫醇(醚)能被脱除,这与族组分分析的结果一致。而

三种煤中噻吩类硫含量增加,证明了噻吩类有机硫最为稳定,也最难脱除。

微波技术应用于煤炭脱硫领域,能量利用效率比较高,可以脱除呈细粒嵌布的有机硫和硫铁矿硫,脱硫效果良好。为加快微波技术在煤炭脱硫中的应用,开展材料科学、物理化学和微波工程等学科的联合研究是十分必要的,开展硫化合物特性模拟(量子力学—化学键能计算、谐振频率计算),模拟硫化物介电性质和微波分解效应等是微波脱硫提质研究的基础工作,从理论上对煤炭微波脱硫原理进行探讨,对于煤中有机硫的脱除、脱硫化学助剂筛选以及微波脱硫工业应用有重要意义。

5.3　煤及模型化合物对微波的响应实验

搭建了如图 5-1 所示电介质的电磁特性测试平台,采用传输反射法进行测试。测试方法:采用传输反射法测定化合物的介电常数,该方法是将待测试样的波导段作为传输系统的一部分来测量其特性参量,通过网络分析仪测量该网络的散射参数,输入计算机,通过测量软件计算,即可获得被测材料的介电常数。测试系统:测试工作在电子科技大学电子工程学院完成,测试频率为 0.2~18 GHz,温度为 20 ℃,测试仪器为 Agilent E8363A 矢量网络分析仪。

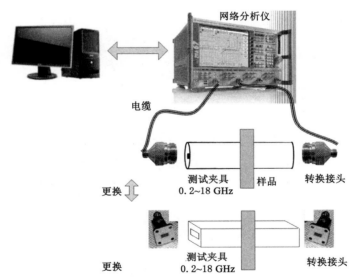

图 5-1　电介质的电磁特性测试平台

测试流程如图 5-2 所示。

如图 5-3 所示,复介电常数虚部表示吸波材料对微波的吸收能力,损耗角正切值代表入射电磁波的损耗。从新峪精煤复介电常数虚部、损耗角正切值随频率的变化情况可以看出,煤对微波具有响应,且复介电常数虚部和损耗角正切值具有很好的对应关系。

从图 5-4 和图 5-5 中可得到含硫键的化合物对微波是有响应的,并且从图 5-4 可进一步得到正十八硫醇比十九烷、十八醇对微波的响应要大。

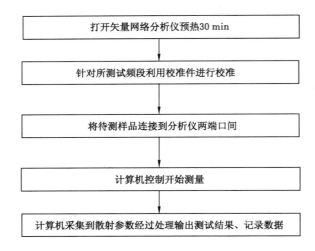

图 5-2 电介质的电磁特性测试流程

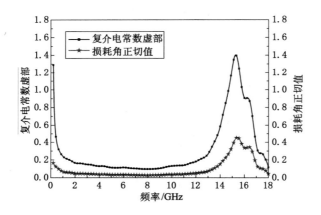

图 5-3 新峪精煤的复介电常数虚部、损耗角正切值随外场频率的变化情况

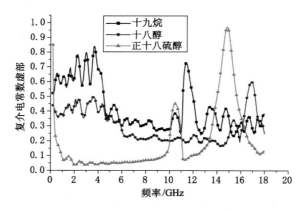

图 5-4 十九烷、十八醇、正十八硫醇复介电常数虚部随外场频率变化情况

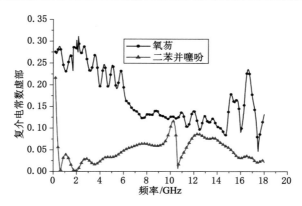

图 5-5 氧芴、二苯并噻吩复介电常数虚部随外场频率变化情况

由图 5-6 至图 5-8 可得，正十八硫醇复介电常数虚部、损耗角正切值分别在 10～11 GHz、14～15 GHz 两个频率段有明显的波峰，二苯二硫醚的峰值出现在 9～10 GHz 频率段。可见，9～11 GHz、14～15 GHz 两个频率段是硫醇(醚)类模型化合物吸收微波能最强的频率范围。二苯并噻吩复介电常数虚部、损耗角正切值随频率的变化规律具有一致性，在 10～11 GHz 频段有一个明显的波峰，因此二苯并噻吩对微波的最佳吸收频率在 10～11 GHz 范围内。并且从三图对比分析可得，正十八硫醇对微波的响应最强，其次是二苯二硫醚，三者中对微波响应最弱的是二苯并噻吩，这也从一个方面可以得到在微波作用下噻吩类相对煤中其他含硫化合物要难以脱除。

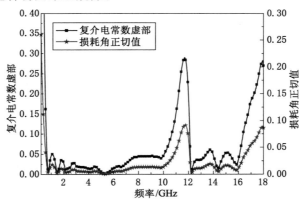

图 5-6 二苯并噻吩复介电常数虚部、损耗角正切值随外场频率变化曲线

微波是指频率在 300～300 000 MHz 之间的电磁波，所以它具有电磁波的性能，从宏观上讲，微波能可被物质吸收，吸收的程度可用物质的介质损耗角正切 $\tan\delta$ 来描述，物质吸收微波能的能力随 $\tan\delta$ 增大而增加。从微观上讲，虽然还不能像讨论原子、分子那样用量子力学来严格地描述介电加热过程，但可用经典理论，从分子等微观粒子的运动来讨论介电加热。当对某一样品施加微波时，在电磁场的作用下，样品内微观粒子可产生四种类型的介电极化，即电子极化(原子核周围电子的重新排布)、原子极化(分子内原子的重新排布)、取向极化(分子永久偶极的重新取向)和空间电荷极化(自由电荷的重新排布)。在这四种极化

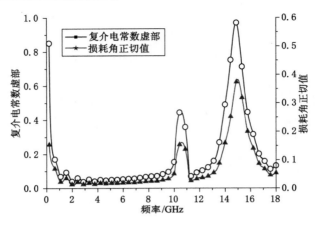

图 5-7　正十八硫醇复介电常数虚部、损耗角正切值随外场频率变化曲线

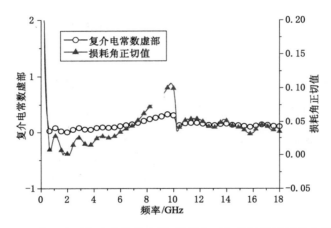

图 5-8　二苯二硫醚复介电常数虚部、损耗角正切值随外场频率变化曲线

中,与微波电磁场的变化速率相比,前两种极化要快得多,所以不会产生介电加热,而后两种极化则与之相当,故可产生介电加热,即可通过微观粒子的这种极化过程,将微波能转变为样品的热能。介质在微波场中的极化,表现为对电场电流密度的损耗,介质的复介电常数为

$$\varepsilon = \varepsilon' - i\varepsilon'' \tag{5-1}$$

式中,ε' 为复介电常数的实部,其大小反映了介质束缚电荷的能力;ε'' 为复介电常数虚部,它反映了介质的损耗情况,常用损耗角 $\tan \delta$ 来表示:

$$\tan \delta = \frac{\varepsilon''}{\varepsilon'} \tag{5-2}$$

介质的复介电常数 ε 综合反映了介质在交变电场中电极化行为。在实际介质中,除了偶极损耗 ε''_d 外,还有界面损耗 ε''_{MW} 和电导损耗 $\frac{\sigma}{\omega \varepsilon_0}$。因此,介质的有效损耗 ε''_{eff}(在微波场中)为

$$\varepsilon''_{eff} = \varepsilon''_d + \varepsilon''_{MW} + \frac{\sigma}{\omega \varepsilon_0} \tag{5-3}$$

式中,ω 为微波场的角频率,损耗因子与频率具有一定的关系。在微波频段内,主要表现为

直流电导损耗(c)、束缚水的弛豫损耗(b)、自由水的弛豫损耗(ω)和界面损耗($m\omega$)等四种。而电子与原子的极化损耗则存在于电磁波谱的红外和可见光部分。

微波在加热介质的过程中所耗散的功率或介质对微波功率的吸收,可表示为

$$P = \omega\varepsilon_0\varepsilon''_{\text{eff}}E^2V \tag{5-4}$$

当介质吸收微波能之后,它的温度上升速率有如下关系:

$$P = \frac{Q_h}{t} = \frac{MC_p(T-T_0)}{t} \tag{5-5}$$

利用以上两式,可得介质在微波场中的升温速率为

$$\frac{(T-T_0)}{t} = \frac{0.566\cdot10^{-10}\cdot\varepsilon''_{\text{eff}}\cdot f\cdot E^2}{\rho\cdot C_p} \tag{5-6}$$

式中,M 为介质的质量;ρ 为介质的密度;C_p 为介质的比热;f 为微波频率。在微波加热中,电场强度 E 是一个主要的物理参量。但是在有介质存在时的电场强度 E 很难确定,因为引入介质后,腔体中的电场强度会发生改变而变得不易确定。

显然,这种微波加热与微波频率以及样品的组成、温度、形状等有关。样品吸收微波能的有效程度与微波频率有关,每一种物质都对应一个特征频率,在此频率下,此物质吸收微波能最有效。传统的加热方法是利用热源与样品间的中间介质将热传导给样品。与之相反,微波加热不需要这种中间介质,而是将能量直接引入样品的内部,因此样品形状对样品内温度的分布有更大的影响,再加上微波在样品与周围物体界面处的弯曲及在样品中的反射,使样品内温度分布很复杂。

微波的波长在 $0.1\sim100$ cm 之间,因而只能激发分子的转动能级跃迁,此时分子会处在一种亚稳态状态,分子极为活跃,分子内部以及分子之间,旧化学键的断裂、新化学键的形成更为激烈。根据量子化学理论,只有当分子的电子态 ψ_e 的永久电偶极矩(permanent electric dipole)不为零,才有转动能级的跃迁。

$$d = \langle\psi_e\mid d\mid\psi_e\rangle \neq 0 \tag{5-7}$$

其中 $d = \sum\limits_i(-er_i)$ 为分子的电偶极算符。式(5-7)决定着非极性分子就不会有转动光谱。

5.4　煤中含硫结构对外加能量响应的理论计算与分析

煤在微波辐照下脱硫是基于微波的穿透性和微观靶向能量作用,有机硫含硫键在外加能量作用下发生断裂是微波脱硫的基础。基于煤及各族组分中含硫小分子化合物的检测结果,选择对甲苯二硫醚、二苯并噻吩分子等为研究对象,探寻外加能量场作用下模型化合物中含硫键的断键机理。外电场作用下的分子涉及很多范围,例如结晶环境、表面分子、电场诱导二阶谐波产生、弱电场产生振动频率位移、高压开关中用气体进行电弧控制、辐射场作用下材料的老化降解和高功率激光产生的强交变电场足以使分子离解或电离。理论计算主要是研究外场下原子分子的基态性质,如分子几何构型、能量、偶极矩、极化率和超极化率、电子和质子转移等[150-161]。电场的引入影响分子的几何构型和稳定性并导致断键;分子性质对外电场方向呈现不对称性。由于是极性分子,系统稳定性取决于诱导偶极矩与外电场作用的附加能量,在一定电场下,分子中的电子转移发生从局域到整个分子范围的变化,但当电场超出一定范围时,出

现化学键断裂。对于外电场作用下物质的性能变化的理论计算已有一些相关报道[162-182]。但相对实验研究,理论研究相对滞后,因此开展外电场作用下含硫模型化合物行为研究对煤炭微波脱硫领域是重要的基础性工作,具有重要的理论与应用价值。

5.4.1 计算方法

DFT 理论应用计算是在 Materials studio 6.0 软件包中的 Dmol³ 模块中进行的,计算参数主要设置为:采用 GGA 方法,泛函形式为 BLYP,能量 2.00×10^{-4} Ha,能量梯度 2.00×10^{-2} Ha/Bohr,基组选用 DND 基组,选用非限制自旋极化,SCF 收敛控制、数字积分精度和轨道断点都设置为 Medium 关键字,密度多极展开采用 Octupole。采用密度泛函理论,研究了外电场对对甲苯二硫醚分子的键长、红外光谱、各原子电荷分布、体系总能量、最高占据轨道能量、最低空轨道能量以及 HOMO 和 LUMO 之间能隙的影响等。

5.4.2 结果与讨论

5.4.2.1 模型化合物键长对外加电场的响应

通过图 5-9 可以看出,随正向电场的逐渐增大,分子 S—S 键长逐渐增长,其变化规律见图 5-10 中所示。说明分子随正向外电场的加大,分子 S—S 键容易断裂,当外电场超过 0.002 a.u.时,分子不收敛。

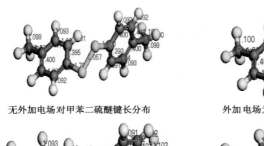

无外加电场对甲苯二硫醚键长分布　　　　外加电场为0.0003 a.u.对甲苯二硫醚键长分布

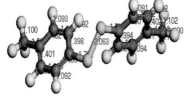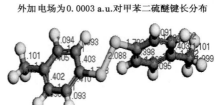

外加电场为0.0005 a.u.对甲苯二硫醚键长分布　　　外加电场为0.001 a.u.对甲苯二硫醚键长分布

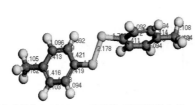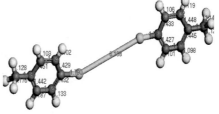

外加电场为0.0015 a.u.对甲苯二硫醚键长分布　　　外加电场为0.002 a.u.对甲苯二硫醚键长分布

图 5-9　不同外加电场时对甲苯二硫醚键长分布情况

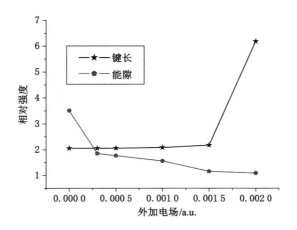

图 5-10 对甲苯二硫醚 S—S 键键长和能隙随不同外电场变化情况

5.4.2.2 模型化合物 HOMO 和 LUMO 对外加电场的响应

最低未占分子轨道(LUMO)和最高已占分子轨道(HOMO)决定分子的电子得失和转移能力,即亲电试剂最易进攻 HOMO 最大电荷密度的原子(亲核活性点);亲核试剂最易进攻 LUMO 电荷密度最大的原子(亲电活性点)。能隙 $\Delta E = E_L - E_H$ 的大小反映电子从占据轨道向空轨道发生电子跃迁的能力,一定程度上可以代表其化学动力学反应活性。其差值越大,分子稳定性越强;反之,分子越不稳定,越易参与化学反应。

由图 5-11 可得出,随着外电场的增强,对甲苯二硫醚的 HOMO 和 LUMO 分布发生了变化。最高已占分子轨道从主要分布在 C2,C3,C6,S7,S8,C9,C10,C12,C13 位置转移到 S8,C9,C10,C12,C14 位置。最低未占分子轨道在无电场时主要分布在 C2,C3,C5,S7,S8,C9 上。当电场加到 0.002 a. u. 时,最低未占分子轨道主要分布在 C9,C11,C12,C13,C14,S8 上。

5.4.2.3 模型化合物振动光谱对外加电场的响应

由图 5-12 比较可以看出,外电场的加入使对甲苯二硫醚分子中各基团振动光谱的强度及频率都有所改变。振动频率随外电场强度的增大逐渐向低频移动。

5.4.2.4 Mulliken 电荷对外加电场的响应

由表 5-2 可得随着外电场的增强,对甲苯二硫醚分子中各原子上的电荷有所变化,两个硫原子的电负性增强,在由电荷控制的反应中,原子的负电荷越多,其受亲电试剂进攻的可能性越大;反之,原子的正电荷越多,则受亲核试剂进攻的可能性越大。因此,对甲苯二硫醚分子中 S 原子随着外电场的增强受亲电试剂进攻的可能性作用点越大。

5.4.2.5 模型化合物各种性能对外加电场的响应

通过图 5-12 和表 5-3 可以获得如下信息:随外加正向电场的增大,对甲苯二硫醚分子体系总能和结合能逐渐减小,对甲苯二硫醚分子体系最高占据轨道(HOMO)能量 E_H、最低空轨道(LUMO)能量 E_L、能隙 E_G 随外电场的增大逐渐减小。

无外加电场时分子 HOMO 图

无外加电场时分子 LUMO 图

外加电场为 0.0003a.u.时分子 HOMO 图

外加电场为 0.0003 a.u.时分子 LUMO 图

外加电场为 0.0005 a.u.时分子 HOMO 图

外加电场为 0.0005 a.u.时分子 LUMO 图

外加电场为 0.001 a.u.时分子 HOMO 图

外加电场为 0.001 a.u.时分子 LUMO 图

外加电场为 0.0015 a.u.时分子 HOMO 图

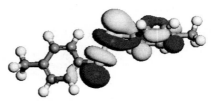

外加电场为 0.0015 a.u.时分子 LUMO图

外加电场为 0.002 a.u.时分子HOMO 图

外加电场为 0.002 a.u.时分子 LUMO 图

图 5-11　不同外电场对含硫模型化合物轨道分布的影响

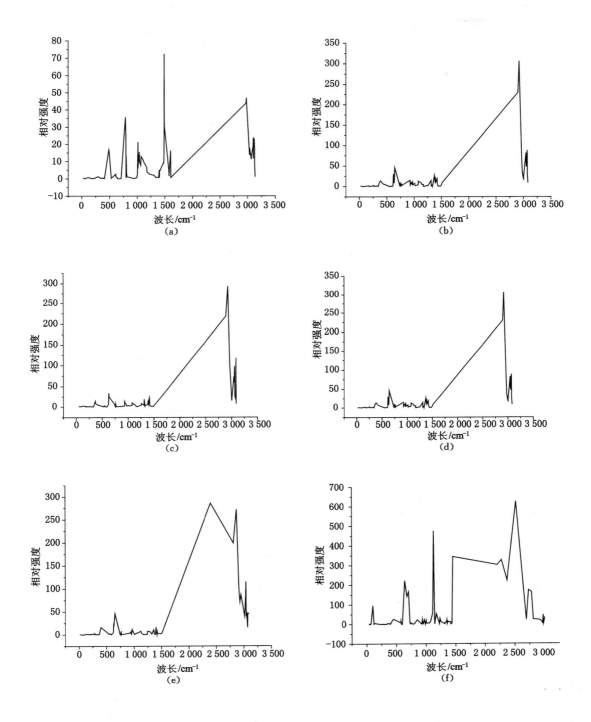

图 5-12 不同外电场对含硫模型化合物振动光谱的影响

表 5-2　对甲苯二硫醚分子中各原子 Mulliken 电荷随不同外电场作用的变化情况

原子	电荷 (0)	电荷 (0.000 3 a.u.)	电荷 (0.000 5 a.u.)	电荷 (0.001 a.u.)	电荷 (0.001 5 a.u.)	电荷 (0.002 a.u.)
C(1)	0.156	0.162	0.160	0.157	0.157	0.141
C(2)	−0.211	−0.205	−0.204	−0.202	−0.202	−0.196
C(3)	−0.198	−0.187	−0.188	−0.187	−0.181	−0.174
C(4)	0.130	0.122	0.122	0.122	0.123	0.149
C(5)	−0.203	−0.200	−0.200	−0.199	−0.200	−0.181
C(6)	−0.211	−0.206	−0.205	−0.203	−0.194	−0.194
S(7)	−0.085	−0.093	−0.098	−0.106	−0.119	−0.195
S(8)	−0.089	−0.098	−0.108	−0.133	−0.146	−0.207
C(9)	0.127	0.120	0.124	0.129	0.125	0.162
C(10)	−0.206	−0.203	−0.202	−0.195	−0.182	−0.177
C(11)	−0.209	−0.204	−0.205	−0.204	−0.199	−0.194
C(12)	0.154	0.162	0.163	0.164	0.166	0.157
C(13)	−0.210	−0.205	−0.206	−0.206	−0.206	−0.202
C(14)	−0.202	−0.185	−0.183	−0.181	−0.176	−0.179
C(15)	−0.632	−0.606	−0.606	−0.606	−0.609	−0.581
H(16)	0.193	0.185	0.184	0.184	0.190	0.189
H(17)	0.201	0.191	0.191	0.190	0.176	0.142
H(18)	0.194	0.185	0.185	0.185	0.185	0.192
C(19)	−0.631	−0.607	−0.607	−0.608	−0.615	−0.612
H(20)	0.200	0.190	0.190	0.190	0.189	0.189
H(21)	0.191	0.184	0.183	0.184	0.186	0.192
H(22)	0.195	0.187	0.188	0.189	0.189	0.184
H(23)	0.167	0.157	0.157	0.158	0.160	0.168
H(24)	0.175	0.162	0.162	0.162	0.164	0.179

表 5-3　对甲苯二硫醚体系总能、结合能、HOMO 和 LUMO 之间能隙等随不同外电场变化情况

外加电场/a.u.	总能/Ha	结合能/eV	E_H/eV	E_L/eV	E_G/eV
0	−1 338.276	−149.747	−3.548	−1.637	1.911
0.000 3	−1 338.277	−149.774	−3.641	−1.787	1.854
0.000 5	−1 338.282	−149.895	−3.643	−1.873	1.770
0.001	−1 338.507	−156.018	−3.654	−2.090	1.564
0.001 5	−1 338.510	−156.110	−3.690	−2.530	1.160
0.002	−1 338.515	−156.224	−4.019	−2.929	1.090

综上所述我们可得出:随着外加正向电场的加大,对甲苯二硫醚分子中 S—S 键长增长,当外加电场超过一定强度时,分子已断裂。当外加正向电场逐渐增大时,对甲苯二硫醚分子的体系总能、结合能、能隙均减小。这些结果说明当加入外加电场时,分子的活性增强,分子越来越不稳定。另外,随着外电场的加入,分子中各基团的谐振频率有所改变,向低频移动。

5.4.2.6　煤中含硫化合物对外加能量的响应规律比较分析

为了探讨类似分子在外电场作用下性能变化情况,分别选择计算了两组类似分子,一组由二苯并噻吩、氧芴、咔唑组成,另一组由苄基苯基硫醚、1,2-二苯乙烷组成。

由图 5-13~图 5-15 键长变化分析可得:正十八硫醇 C—S 键长随外电场变化响应较强,并且外电场只能加到 0.01 a.u. 后分子就不收敛。苄基苯基硫醚键长随外电场变化情况次之,而二苯并噻吩键长随外电场变化响应情况最弱。由图 5-16 比较分析可得:二苯并噻吩、氧芴、咔唑、苄基苯基硫醚分子随外电场作用分子 C—S 键长发生了变化,而 1,2-二苯乙烷分子键长对外电场基本没有响应。由图 5-17 可得:五种化合物电偶极矩基本上都随着外电场的增强而增加,并且在其中,咔唑的最大,其次是苄基苯基硫醚,二苯并噻吩的偶极矩较小,说明苄基苯基硫醚的极性比二苯并噻吩要强。这些结果分析和我们的微波实验测试结果互相吻合。

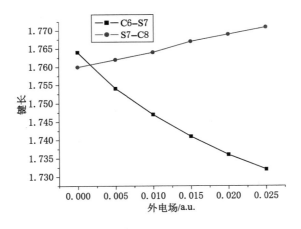

图 5-13　二苯并噻吩 C6—S7、S7—C8 键长随外电场变化而变化情况

由表 5-4 可得到二苯并噻吩随着外电场的增加,二苯并噻吩分子体系总能、结合能、分子的最高占据轨道(HOMO)能级 E_H 增大,最低空轨道(LUMO)能级 E_L、能隙 E_G 减小。由表 5-5 可知氧芴随着外电场的增加,氧芴分子体系总能、结合能、分子体系最高占据轨道(HOMO)能级 E_H 增大,最低空轨道(LUMO)能级 E_L、能隙 E_G 减小。由表 5-6 可获得咔唑随着外电场的增加,咔唑分子总能、结合能增大,分子体系最高占据轨道(HOMO)能级 E_H、最低空轨道(LUMO)能级 E_L 降低,能隙 E_G 增大。对比三表数值分析可得,在这三个类似分子中,随外电场能量的加入二苯并噻吩和氧芴分子反应活性增加,而咔唑分子反应活性降低。

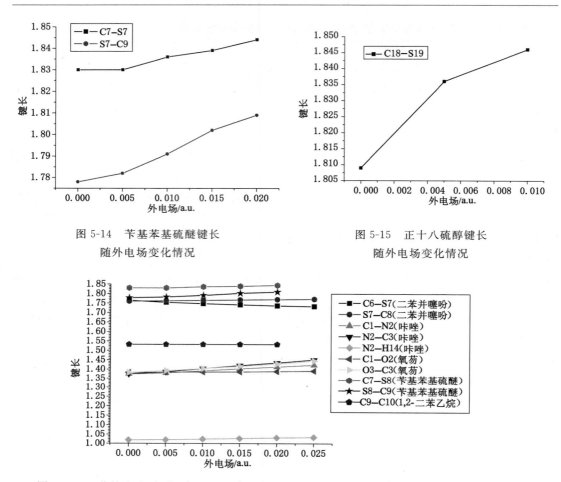

图 5-14　苄基苯基硫醚键长
随外电场变化情况

图 5-15　正十八硫醇键长
随外电场变化情况

图 5-16　二苯并噻吩、氧芴、咔唑、苄基苯基硫醚、1,2-二苯乙烷分子随外电场作用键长变化情况

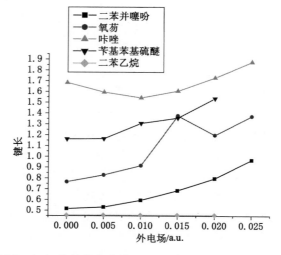

图 5-17　二苯并噻吩、氧芴、咔唑、苄基苯基硫醚、1,2-二苯乙烷分子电偶极矩随外电场作用变化情况

表 5-4　二苯并噻吩体系总能、结合能、HOMO 和 LUMO 之间能隙等随不同外电场变化情况

外加电场/a.u.	总能/Ha	结合能/Ha	E_H/Ha	E_L/Ha	E_G/Ha
0	−860.278	−4.265	−0.192 22	−0.067 15	0.125 07
0.005	−860.277	−4.264	−0.192 17	−0.067 32	0.124 85
0.01	−860.276	−4.263	−0.192 15	−0.067 78	0.124 37
0.015	−860.275	−4.262	−0.192 09	−0.068 72	0.123 37
0.02	−860.272	−4.260	−0.192 12	−0.070 16	0.121 96
0.025	−860.267	−4.254	−0.192 25	−0.072 37	0.119 88

表 5-5　氧芴体系总能、结合能、HOMO 和 LUMO 之间能隙等随不同外电场变化情况

外加电场/a.u.	总能/Ha	结合能/Ha	E_H/Ha	E_L/Ha	E_G/Ha
0	−537.280	−4.343	−0.200 12	−0.062 56	0.137 56
0.005	−537.280	−4.343	−0.200 22	−0.062 77	0.137 45
0.01	−537.280	−4.343	−0.200 13	−0.063 21	0.136 92
0.015	−537.278	−4.341	−0.199 86	−0.063 91	0.135 95
0.02	−537.275	−4.338	−0.199 43	−0.064 89	0.134 54
0.025	−537.272	−4.335	−0.198 91	−0.066 16	0.132 75

表 5-6　咔唑体系总能、结合能、HOMO 和 LUMO 之间能隙等随不同外电场变化情况

外加电场/a.u.	总能/Ha	结合能/Ha	E_H/Ha	E_L/Ha	E_G/Ha
0	−512.948	−4.934	−0.182 86	−0.056 24	0.126 62
0.005	−512.947	−4.933	−0.185 08	−0.057 23	0.127 85
0.01	−512.944	−4.929	−0.189 23	−0.058 92	0.130 31
0.015	−512.940	−4.925	−0.192 68	−0.060 52	0.132 16
0.02	−512.935	−4.920	−0.195 61	−0.062 27	0.133 34
0.025	−512.929	−4.914	−0.197 95	−0.064 25	0.133 70

　　由表 5-7 可得到随着外电场的增加,苄基苯基硫醚分子体系总能、结合能增大,分子体系最高占据轨道(HOMO)能级 E_H、最低空轨道(LUMO)能级 E_L、能隙 E_G 减小。由表 5-8 可知随着外电场的增加,1,2-二苯乙烷分子总能、结合能、分子体系最高占据轨道(HOMO)能级 E_H、最低空轨道(LUMO)能级 E_L、能隙 E_G 均不变。在这两个类似分子中,随外电场能量的加入苄基苯基硫醚分子反应活性增加,而 1,2-二苯乙烷分子能量及反应活性均不变。

表 5-7 苄基苯基硫醚体系总能、结合能、HOMO 和 LUMO 之间能隙等随不同外电场变化情况

外加电场/a. u.	总能/Ha	结合能/Ha	E_H/Ha	E_L/Ha	E_G/Ha
0	−900.748	−4.905	−0.182 29	−0.043 45	0.138 84
0.005	−900.747	−4.904	−0.182 46	−0.044 08	0.138 41
0.01	−900.746	−4.903	−0.184 06	−0.045 79	0.138 27
0.015	−900.742	−4.900	−0.184 63	−0.046 49	0.138 14
0.02	−900.741	−4.899	−0.184 92	−0.047 24	0.137 68

表 5-8 1,2—二苯乙烷体系总能、结合能、HOMO 和 LUMO 之间能隙等随不同外电场变化情况

外加电场/a. u.	总能/Ha	结合能/Ha	E_H/Ha	E_L/Ha	E_G/Ha
0	−541.824	−5.291	−0.206 02	−0.032 43	0.173 59
0.005	−541.824	−5.290	−0.206 02	−0.032 43	0.173 59
0.01	−541.824	−5.290	−0.206 02	−0.032 43	0.173 59
0.015	−541.824	−5.290	−0.206 02	−0.032 43	0.173 59
0.02	−541.824	−5.290	−0.206 02	−0.032 43	0.173 59

由表 5-9 分析可得:在类似于微波段能量场的外电场加入下,二苯并噻吩分子体系总能、结合能、分子体系最高占据轨道(HOMO)能级 E_H 增大,最低空轨道(LUMO)能级 E_L、能隙 E_G 减小。硫原子振动能减小,硫原子转动能及平动能基本不变,分子的零点振动能减小,分子中硫原子上的电荷量不变。由此可见,随着近微波能量的外电场的加入,二苯并噻吩分子的化学活性增强,并且对分子的零点振动能及分子内部硫原子的振动能产生影响。并且由图 5-18 可以得出二苯并噻吩的电偶极矩随外电场的增强而增大,说明加大外加电场在一定的范围内可以增强二苯并噻吩分子的极性。

表 5-9 二苯并噻吩体系总能、结合能、HOMO 和 LUMO 之间能隙等随近微波能量外电场变化情况

	0.000 (a. u.)	0.0005 (a. u.)	0.001 (a. u.)	0.001 5 (a. u.)	0.002 (a. u.)	0.002 5 (a. u.)	0.003 (a. u.)	0.003 5 (a. u.)	0.004 (a. u.)
E_H/Ha	−0.192 22	−0.192 22	−0.192 22	−0.192 2	−0.192 19	−0.192 19	−0.192 19	−0.192 19	−0.192 16
E_L/Ha	−0.067 15	−0.067 17	−0.067 20	−0.067 21	−0.067 23	−0.067 24	−0.067 25	−0.067 26	−0.067 27
E_G/Ha	0.125 07	0.125 05	0.125 02	0.124 99	0.124 96	0.124 95	0.124 94	0.124 93	0.124 89
总能/Ha	−860.278	−860.278	−860.278	−860.278	−860.278	−860.278	−860.278	−860.278	−860.278
结合能/Ha	−4.264 9	−4.264 9	−4.264 9	−4.264 9	−4.264 9	−4.264 89	−4.264 89	−4.264 89	−4.264 79
零点振动能/(kcal/mol)	98.660	98.655	98.646	98.642	98.584	98.575	98.571	98.565	98.558
S_{Vib}/[cal/(mol·K)]	22.684	22.619	22.603	22.603	22.603	22.579	22.496	22.453	22.432
S_{Rot}/[cal/(mol·K)]	31.090	31.093	31.093	31.093	31.090	31.090	31.090	31.093	31.090
S_{Trans}/[cal/(mol·K)]	41.540	41.540	41.540	41.540	41.540	41.540	41.540	41.540	41.540
S_{Total}/[cal/(mol·K)]	95.314	95.235	95.235	95.235	95.249	95.209	95.126	95.235	95.062
Mulliken S atomic charges	−0.180	−0.180	−0.180	−0.180	−0.180	−0.180	−0.180	−0.180	−0.180

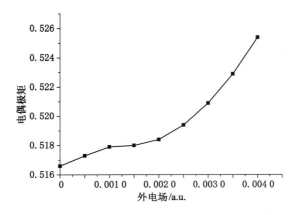

图 5-18　二苯并噻吩电偶极矩随外电场作用变化情况

　　由表 5-10 分析可得:在类似于微波段能量场的外电场加入下,苄基苯基硫醚分子体系总能、结合能、分子体系最低空轨道(LUMO)能级 E_L、能隙 E_G 减小,最高占据轨道(HOMO)能级 E_H 增大。硫原子振动能减小,硫原子转动能基本不变,分子的零点振动能减小,分子平动能不变,硫原子上负电性增强。由此可见,随着近微波能量的外电场的加入,苄基苯基硫醚分子的化学活性增强,并且对分子的零点振动能及分子内部硫原子的振动能产生影响,使硫原子上电负性增强。

表 5-10　苄基苯基硫醚体系总能、结合能、HOMO 和 LUMO 之间能隙等随近微波能量外电场变化情况

	0.000 (a. u.)	0.0005 (a. u.)	0.001 (a. u.)	0.001 5 (a. u.)	0.002 (a. u.)	0.002 5 (a. u.)	0.003 (a. u.)	0.003 5 (a. u.)	0.004 (a. u.)
E_H/Ha	−0.183 14	−0.182 99	−0.182 85	−0.182 74	−0.182 66	−0.182 45	−0.182 43	−0.182 37	−0.182 29
E_L/Ha	−0.043 12	−0.043 15	−0.043 19	−0.043 22	−0.043 25	−0.043 34	−0.043 35	−0.043 39	−0.043 45
E_G/Ha	0.140 02	0.139 84	0.139 66	0.139 52	0.139 41	0.139 11	0.139 08	0.138 98	0.138 84
总能/Ha	−900.747	−900.747	−900.747	−900.747	−900.747	−900.747	−900.748	−900.748	−900.7478
结合能/Ha	−4.904 7	−4.904 8	−4.904 9	−4.905 0	−4.905 0	−4.905 0	−4.905 0	−4.905 1	−4.905 1
零点振动能 /(kcal/mol)	129.503	129.499	129.497	129.490	129.426	129.419	129.383	129.381	129.189
S_{Vib}/[cal/(mol·K)]	37.840	37.535	36.483	36.331	35.843	35.535	35.520	35.292	35.179
S_{Rot}/[cal/(mol·K)]	32.170	32.168	32.167	32.165	32.163	32.152	32.151	32.150	32.148
S_{Trans}/[cal/(mol·K)]	41.788	41.788	41.788	41.788	41.788	41.788	41.788	41.788	41.788
S_{Total}/[cal/(mol·K)]	111.798	109.477	109.490	110.285	110.434	111.471	109.782	109.118	109.232
Mulliken S atomic charges	−0.192	−0.193	−0.193	−0.194	−0.194	−0.194	−0.194	−0.195	−0.196

　　由表 5-11 分析可得:在类似于微波段能量场的外电场加入下,十八硫醇分子体系总能、结合能、分子体系最低空轨道(LUMO)能级 E_L、能隙 E_G 减小,最高占据轨道(HOMO)能级 E_H 增大。硫原子振动能减小,硫原子转动能基本不变,分子的零点振动能减小,分子平动能

不变,硫原子上负电性增强。由此可见,随着近微波能量的外电场的加入,十八硫醇分子的化学活性增强,并且对分子的零点振动能及分子内部硫原子的振动能产生影响,使硫原子上电负性增强。由图 5-19 可得二苯并噻吩、苄基苯基硫醚、十八硫醇分子电偶极矩随外电场增强而增大,并且十八硫醇分子电偶极矩最大,说明其在电磁场作用下响应最强,也证实了在新峪煤微波脱硫实验中,硫醇(醚)类相对噻吩类容易脱除的实验结果。

表 5-11 十八硫醇体系总能、结合能、HOMO 和 LUMO 之间能隙等随不同外电场变化情况

	0.000 (a. u.)	0.0005 (a. u.)	0.001 (a. u.)	0.0015 (a. u.)	0.002 (a. u.)	0.0025 (a. u.)	0.003 (a. u.)	0.0035 (a. u.)	0.004 (a. u.)
E_H/Ha	−0.194 05	−0.194 06	−0.193 67	−0.193 82	−0.193 57	−0.193 49	−0.193 31	−0.193 32	−0.193 44
E_L/Ha	−0.012 34	−0.012 44	−0.012 41	−0.012 64	−0.012 44	−0.012 44	−0.012 35	−0.012 60	−0.013 79
E_G/Ha	0.181 71	0.181 62	0.181 26	0.181 18	0.181 13	0.181 05	0.180 96	0.180 72	0.179 65
总能/Ha	−1 106.846	−1 106.846	−1 106.846	−1 106.846	−1 106.846	−1 106.846	−1 106.846	−1 106.846	−1 106.846
结合能/Ha	−8.848 4	−8.848 4	−8.848 5	−8.848 5	−8.848 5	−8.848 5	−8.848 6	−8.848 6	−8.848 6
零点振动能 /(kcal/mol)	327.570	327.420	327.308	327.219	327.192	327.144	327.127	326.905	326.192
Spin polarization /[cal/(mol·K)]	2.647 669	2.647 669	2.647 669	2.647 669	2.647 669	2.647 6691	2.647 669	2.647 669	2.647 669
S_{Vib}/[cal/(mol·K)]	99.880	99.052	95.630	95.305	94.966	94.740	94.582	93.982	92.718
S_{Rot}/[cal/(mol·K)]	34.898	34.892	34.911	34.897	34.899	34.913	34.923	34.927	34.914
S_{Trans}/[cal/(mol·K)]	42.856	42.856	42.856	42.856	42.856	42.856	42.856	42.856	42.856
S_{Total}/[cal/(mol·K)]	172.494	173.053	172.733	170.471	172.721	173.399	172.360	171.766	177.650
Mulliken S atomic charges	−0.318	−0.319	−0.322	−0.322	−0.323	−0.325	−0.326	−0.326	−0.327

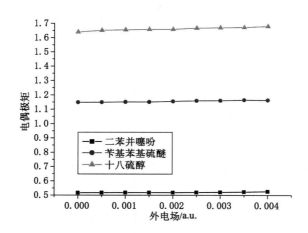

图 5-19　二苯并噻吩、苄基苯基硫醚、十八硫醇分子电偶极矩随外电场作用变化情况

5.4.2.7 模型化合物对外加温度场的响应

使用 Dmol³ 模块中的 Dynamics 对结构模型进行动力学模拟。动力学模拟的初始温度设置为 300 K,最高温度设为 800 K,升温速率为 50 K/次,在每个温度段进行固定温度(NVT)的分子动力学模拟,模拟时间设置 50 ps,时间步长 0.2 fs,控温函数选用 NHChain,总计算步数设置为 1 000。

由图 5-20 可得,温度在 300～800 K 之间变化时,二苯并噻吩分子体系总能、结合能、分子体系最高占据轨道(HOMO)能级 E_H、最低空轨道(LUMO)能级 E_L、能隙 E_G、总势能、自旋极化能随着温度的变化而变化得很小。

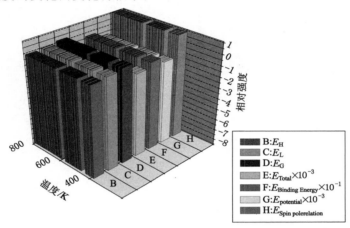

图 5-20　二苯并噻吩分子各种性质能量随温度变化情况

由图 5-21 可知,能隙随温度场的变化而变化很弱并且是杂乱无章的,即二苯并噻吩分子的分子反应活性随温度场的变化是很小的并且无规律可循。

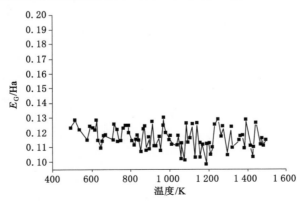

图 5-21　二苯并噻吩能隙随温度变化情况

从图 5-22 可获得如下信息:温度在 300～800 K 之间变化时,苄基苯基硫醚分子体系总能、结合能、分子体系最高占据轨道(HOMO)能级 E_H、最低空轨道(LUMO)能级 E_L、能隙

E_G、总势能、自旋极化能基本不随温度的变化而变化。

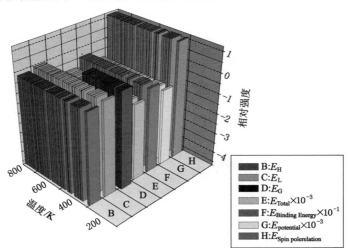

图 5-22   苄基苯基硫醚分子各种性质能量随温度变化情况

5.5 本章小结

（1）随着外加正向电场的加大，对甲苯二硫醚分子中 S—S 键长增长，当外加电场超过一定强度时，分子已断裂。当外加正向电场逐渐增大时，对甲苯二硫醚分子的总能、结合能、能隙均减小。这些结果说明当加入外加电场时，分子的活性增强，分子越来越不稳定。另外，随着外电场的加入，分子中各基团的谐振频率有所改变，向低频移动。

（2）二苯并噻吩、氧芴、咔唑、苄基苯基硫醚分子随外电场作用分子键长发生了变化，而1,2-二苯乙烷分子键长对外电场没有响应。正十八硫醇键长随外电场变化响应较强。咔唑的电偶极矩最大，其次是苄基苯基硫醚，二苯并噻吩的偶极矩较小，说明苄基苯基硫醚的极性比二苯并噻吩要强。

（3）温度在 300～800 K 之间变化时，二苯并噻吩分子和苄基苯基硫醚分子总能、结合能、分子体系最高占据轨道（HOMO）能级 E_L、最低空轨道（LUMO）能级 E_L、能隙 E_G、总势能、自旋极化能随着温度的变化而变化得很小。

（4）分子的极性大小和微波脱硫的难易程度相对应。对比了噻吩类、硫醇（醚）类和相应类似分子在外加能量场作用下的分子的变化情况。含有 S、O、N 原子的极性分子对外电场的加入是有响应的，而只有 C、H 原子构成的1,2-二苯乙烷分子对外加电场没有响应。并且从分子的电偶极矩随外加场变化的理论计算和微波脱硫的实验结果对比也可得到这个结论；外加电场可以改变含硫模型化合物中硫原子的振动能及分子的零点振动能，并且对分子中各基团的振动光谱强度和振动频率都有影响。

6 含硫模型化合物在外电场作用下的降解机理研究

6.1 引言

煤中硫的存在一直是影响煤炭利用和加工的主要问题,而煤中硫的脱除也是重点攻关的课题。物理脱硫(即选煤过程)主要针对煤中黄铁矿硫的脱除,而对于其他无机硫和有机硫则不能有效的脱除[183];微生物脱硫对温度、煤的粒度等要求范围太窄,不利于工业化应用[184];化学脱硫除了采用化学试剂氧化脱硫外,还可以通过降解对煤进行预处理,从而得到低硫的产品或中间产品[185],是一种比较有效的脱硫途径。

煤中大部分的无机硫和部分活泼脂在降解过程中易于析出,而芳香类有机硫则难于脱除[186]。硫主要是伴随着降解过程中挥发分而析出的,故深入研究煤中硫,尤其是煤中芳香类有机含硫物质在降解过程中发生的化学反应及迁移规律尤为重要。在本章中,通过对新峪煤中的含硫化合物进行分析,选择合适的芳香类含硫化合物作为类煤结构的含硫模型,并采用量子化学计算方法深入地了解在有无外电场作用下降解过程中硫的迁移规律,为后期在微波作用下煤的脱硫实验及工业处理过程提供理论指导。

6.2 含硫模型化合物的选择

从第3章我们可以得到,在新峪煤中的8种有机含硫模型化合物中除了5种噻吩类,还存在硫醇、硫醚类的物质。为了更加全面、深入地了解煤中硫在降解中的迁移,选择噻吩作为噻吩类含硫化合物的代表,将噻吩作为本章类煤结构含硫模型化合物,来深入研究煤中有机硫在外电场作用下降解过程中的迁移规律。

6.3 降解动力学机理的量子化学计算的方法和参数选择

中间体结构和过渡态是反应动力学机理研究中必须解决的问题。某些较为稳定的中间体尚可用合适的实验方法检测;而过渡态寿命非常短,虽然飞秒化学实验方法的建立和发展为实验测定提供了可能[187],但目前还不能作为一般的化学反应机理研究的常规方法。量子化学计算方法,尤其是第一性原理的计算方法可以对缺乏热力学数据的中间体和过渡态给出较为严格的处理,得到比较准确的分子结构和热力学数据,从而对降解方案中的路径给出有理论基础的动力学计算,找出过渡态和中间体,得到合理的反应机理。本章用Dmol^{3}对该方案进行详细的动力学分析,从而提出一个基于可靠理论分析关于煤中硫在外电场作用下释放的局部微观结构模型的降解机理。

在采用 Dmol³ 计算方法处理目标分子时,针对不同的计算任务、不同的分子结构特点和计算目的,有许多计算参数需要选择和调整。本章计算的主要任务是建立动力学反应机理。过渡态的结构是动力学反应机理研究的核心[188],因为反应路径和反应速率等都是由过渡态结构决定的。在通过势能扫描(Scan Potential Energy Surface,SPES)和尝试法寻找过渡态(Transition State Search,TSS)时,在过渡态结构优化、中间体结构优化和电子能量、频率分析和分子微观参数计算、统计热力学参数计算时则考虑到计算结构和计算精度的相互差减。计算参数设置为:采用 GGA 方法,泛函形式为 PW91,基组选用 DND;优化收敛参数采用 Medium 参数组合:能量 2.00×10^{-5} Ha,能量梯度为 1.00×10^{-3} Ha/Bohr,位移 1.00×10^{-3} Bohr;密度多极展开采用 Octupole,数字积分精度采用 Medium 关键字;SCF 收敛控制采用 Medium 关键字。由于整个计算过程涉及自由基的生成,所有计算采用非限制(Unrestricted)自旋极化,对于自由基分子给定自旋多重度 Double。

采用上面的计算方法和参数,本章计算分子振动频率的准确性非常重要。为了评价和了解本节参数选择对频率分析的正确性,计算了苯并噻吩的 IR 光谱。从图 4-3 中 IR 计算光谱和实验光谱的对比可以看出,分子中的主要振动频率的计算结果都比较准确。

在 Dmol³ 计算过程中,经过过渡态搜寻(TSS)得到一个过渡态结构,通过频率分析确认这一结构具有唯一的虚频,不能说明它一定就是所研究反应机理中的过渡态。对于这一具有唯一的虚频结构,需要分析虚频所对应原子的振动模式,还需要分析这一过渡态所连接的产物和反应物的结构类型。在 Cerius² 系统中虚频所对应原子或化学键的振动模式可以十分直观地通过 Vibration Analysis 观察得到。过渡态所连接的反应物和产物可以通过势能扫描曲线在过渡态两端的最低点结构来判断,必要时可以经过再进一步结构优化。连接反应物和产物的反应路径可以仅仅只有一条。通过对势能扫描曲线的分析可以寻找不同过渡态的连接方式,以得到真正的反应路径,也就是跨越能垒最低的反应路径。反应路径一经确认,就可以通过频率分析计算得到统计热力学数据、零点振动能(ZPVE)校正等工作,从而得到热力学变量和反应的活化能。

6.4 噻吩的降解反应机理

一些实验研究[189-191]表明:噻吩在降解时生成大量的 H_2S。在煤的热解过程中也发现,950 ℃时检测到的 H_2S 主要是噻吩结构的硫转化而形成的。近年来,黄充等[10]采用密度泛函方法对热解过程中由于官能团周围环境的不同而形成的两类噻吩自由基进行了量子化学计算,并对噻吩的热解机理进行了研究,通过对键的 Mulliken 电荷布居等计算结果的分析,自由基的降解途径被分别得到。计算结果表明:噻吩热解产物最终为乙炔,含硫部分则较易与氢自由基结合,以 H_2S 的形式逸出。因为研究过程中反应的动力学没有被研究,不能通过比较反应的速率常数等来选择最佳的反应路径。因此需要对噻吩的降解过程中可能涉及的基元反应进行过渡态搜索等工作,并根据过渡态的理论获取全面的动力学数据。

本章对噻吩在有无外电场作用下降解机理进行研究,通过计算出的动力学参数和结构微观参数等,总结出 H_2S 的形成机理,归纳出噻吩在外电场作用下降解过程中硫迁移规律,期望对煤利用过程中的微波脱硫提供理论依据。

6.4.1 H₂S 释放机理的提出

关于噻吩降解的机理,有些研究者[191-194]认为噻吩降解时首先发生 C—S 键的断裂。噻吩是同吡咯具有相类似结构的化合物,Martoprawiro[195]在对吡咯的热解研究时发现杂原子和 C 之间的键比较稳定,同时,研究者通过计算所得噻吩的 C—S 键的强度为 560.00 kJ/mol[196]。另外一些研究者[197-198]认为噻吩的 C—H 键较弱,可能发生断裂。因此凌丽霞等首先对噻吩的 α—H 脱除的过程进行了研究,发现 C—H 键的键裂解能为 476.64 kJ/mol[9],这和文献中噻吩的 C—H 键的裂解能 488.18 kJ/mol[199]较吻合,但是很明显一个普通的化学反应所需要的能量远远小于这个能量[200]。由以上分析的结果,提出了以 α—H 转移为第一步的两条反应路径(见图 6-1)。

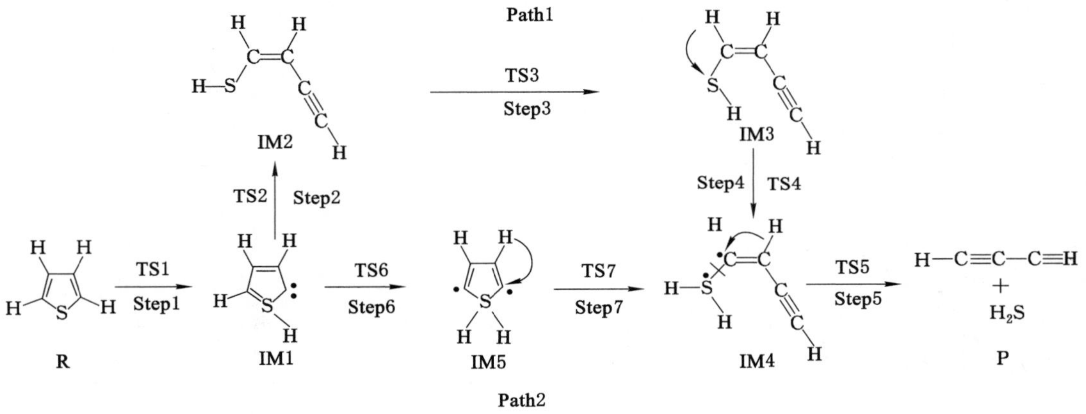

图 6-1 噻吩降解的反应机理

通过计算反应机理中的各物种及其频率分析结果说明:反应物、中间体和产物的力常数矩阵本征值全为正值;各过渡态的简正振动模式以及对应的唯一虚频列于表 6-1 中。反应路径中各过渡态、中间态的原子编号及其优化结构参数见图 6-2。我们逐一分析噻吩降解的这两条反应路径。

表 6-1   **各过渡态的唯一虚频以及相关化学键**

过渡态	虚频/cm⁻¹	简正振动模式
TS1	-866.27	C4—H9—S5
TS2	-149.78	C3—H8—C4
TS3	-337.15	C1—S5—H9
TS4	$-1\,246.56$	C1—H6—S5
TS5	-579.65	C2—H9—C1
TS6	-212.12	C1—H6—S5
TS7	-286.95	C3—H8—C4

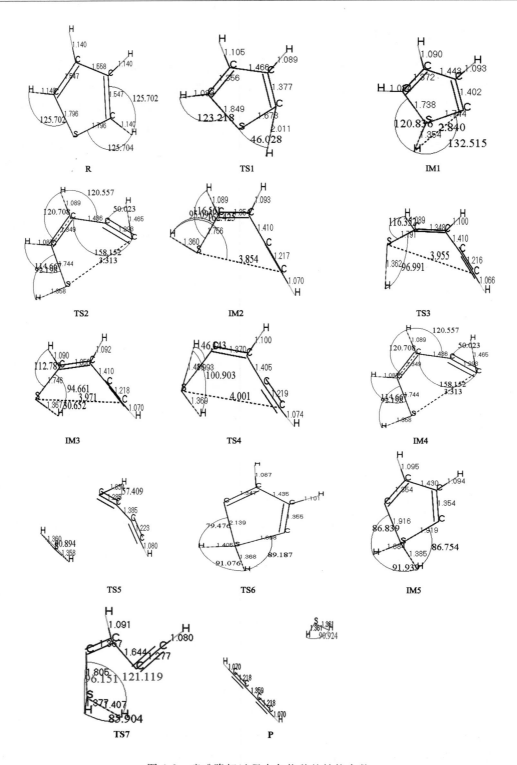

图 6-2　噻吩降解过程中各物种的结构参数

6.4.2 以 H 转移为第一步的 H_2S 生成过程

在路径 1 中,H9 先从 C4 转移到 S5 上:C4—H9 键的断裂,然后 S5—H9 键的形成,IM1 形成。在这个过程中,C4—H9 的键长从反应物中的 1.140 Å 增加到过渡态 TS1 中的 2.011 Å 和中间体 IM1 中的 2.840 Å,噻吩中 C4—S5 键长从反应物中的 1.796 Å 变成过渡态 TS1 中 1.673 Å 和中间体 IM1 中的 1.733 Å。在这一步骤中,经过过渡态 TS1 中所含的 S 和 C 原子基本处于一个平面内,而 H 则不在这个平面内。∠S5—C4—H9 从开始的 125.704° 变成过渡态 TS1 中的 46.208°。另外,在这一步骤过程中,伴随着 H 的转移,噻吩的 C_{2v} 对称性被破坏,改变了 C1 和 C4 原子上的 Mulliken 净电荷分布,分别为 −0.184 和 −0.108(见表 6-2)。噻吩的 π−6 共轭体系也被破坏。接着,IM1 中的 H8 从 C3 转移到 C4 上,同时,C4—S5 键断裂形成 IM2,C4—S5 的键长从 1.744 Å 加长到 3.854 Å,说明噻吩的结构从环状变成了链状。而 C3—C4 的键长从 1.402 Å 缩短至 1.217 Å,∠C2—C3—C4 与 ∠C3—C4—H8 差不多接近 180°,说明 C3—C4 键具有叁键性质。IM2 中 C4 原子上的净电荷比 IM1 中的净电荷变得更负,由 −0.108 变为 −0.394,这是由于 C3、C4 由原来 IM1 中的 sp^2 杂化变成了 IM2 中的 sp 杂化,而在 sp^2 杂化轨道中 s 成分占 $\frac{1}{3}$,sp 杂化轨道中 s 成分占 $\frac{1}{2}$,sp 杂化轨道中 s 成分比 sp^2 杂化轨道中 s 成分大。轨道的 s 成分愈大,说明电子云愈靠近原子核。所以 C4 和 H 形成的 C—H 键上的电子更靠近了碳原子。结果使得 $\overset{\delta-}{\equiv}C—\overset{\delta+}{H}$ 键的极性增加,使 H 原子具有一定的酸性[201]。第三步是一个具有顺式结构的 IM2 异构化成具有反式结构的 IM3 的过程,在这一步骤中主要是 H9 的偏移,使得 ∠C4—S5—H9 从 162.425° 变成 30.652°。这一步和吡咯的降解过程相类似(见图 6-2)[202]。第四步(IM3→IM4)也是一个 H 转移的过程,只有与 H6 连接的键有变化,其他的键都没有发生太大的改变。H6 向 S5 靠近,分子整个发生了稍微扭转。最后,伴随着 H7 从 C2 转移到 C1 上,H_2S 从原来的结构离开,从而丁二炔形成。

表 6-2 　　　　　　　　　　**Path1 中各结构的 Mulliken 电荷**

	R	TS1	IM1	TS2	IM2	TS3	IM3	TS4	IM4	TS5	P
C1	−0.177	−0.025	−0.184	−0.097	−0.111	−0.133	−0.087	−0.236	−0.096	−0.292	−0.354
C2	−0.191	−0.025	−0.160	−0.219	−0.290	−0.211	−0.286	−0.278	−0.293	−0.016	0.156
C3	−0.191	−0.157	−0.248	−0.062	0.221	0.194	0.214	0.192	0.182	0.141	0.157
C4	−0.177	−0.236	−0.108	−0.221	−0.394	−0.318	−0.397	−0.333	−0.364	−0.293	−0.357
S5	−0.057	−0.147	−0.163	−0.255	−0.302	−0.350	−0.348	−0.305	−0.262	−0.455	−0.472

路径 2 和路径 1 具有相同的第一步,然后 H6 从 IM1 中的 C1 转移到 S5 上,导致形成 IM5,其具有 C_{2v} 对称性的结构,IM5 含有两个未成对的电子。接着 IM5 中的 H8 从 C3 转移到 C4 上,随着 C4—S5 键从 1.919 Å 拉长到 3.677 Å,噻吩的环状结构变成链状,从而导致中间体 IM4 的生成。最后一步过程中也是 H7 从 C2 转移到 C1 上,导致丁二炔和 H_2S 的形成。

6.4.3 热力学计算和讨论

表 6-3 中列出了反应物、生成物及各过渡态、中间态的电子能量 E_{elec}，298.15 K 和 875 K 下的统计熵 S_m^0 和 H_m^0，其中 S_m^0 和 H_m^0 均包括了转动、平动和振动的贡献，其零点振动能包含在 H_m^0 中。

表 6-3   反应机理中各物种电子能量和统计热力学函数

	E_{elec} /(kJ/mol)	H_m^0(含 ZPVE)/(kJ/mol)		S_m^0/[J/(mol·K)]		ZPVE /(kJ/mol)	活化能 /(kJ/mol)	电偶极矩 /debye
		298.15 K	875 K	298.15 K	875 K			
R	−1 457 257.35	164.73	230.83	290.28	408.41	150.70	−4 014.23	0.291 4
TS1	−1 456 935.09	160.31	228.46	288.05	408.41	146.54	−3 692.35	1.993 3
IM1	−1 456 885.95	169.69	241.07	289.70	416.03	155.48	−4 216.82	3.939 5
TS2	−1 457 003.61	161.42	230.37	310.73	433.56	144.91	−3 760.88	3.881 6
IM2	−1 457 217.09	174.12	251.61	327.31	466.06	155.28	−4 388.13	1.46
TS3	−1 457 190.73	172.15	244.34	312.83	441.63	155.31	−3 947.99	1.157 2
IM3	−1 457 224.99	173.78	251.189	320.49	459.01	155.62	−4 398.67	0.127 3
TS4	−1 456 848.11	153.36	231.60	345.32	486.08	132.73	−3 605.38	2.646 1
IM4	−1 456 945.63	165.72	244.41	321.68	462.51	147.18	−3 700.26	2.953 4
TS5	−1 456 827.03	138.49	201.10	349.62	462.66	119.36	−3 584.304	3.641 5
P	−1 457 053.68	155.82	225.47	348.09	474.01	136.59	−3 810.95	0.992 2
TS6	−1 456 689.98	161.99	234.80	308.64	438.00	145.31	−3 447.25	0.116 3
IM5	−1 456 708.43	162.70	235.14	301.79	430.41	146.74	−3 871.57	0.053 5
TS7	−1 456 692.61	152.54	224.76	316.26	445.46	134.99	−3 447.25	2.292 1

反应机理中各步骤的主要热力学函数根据计算得出的结果见表 6-4。从表中的 $\Delta_r H_m^0$ 可以看出，噻吩的降解过程是吸热反应。其中热效应明显较小的一个步骤是第三步（IM2→IM3）。依照 Hammond 假设[203]，IM2、TS3 和 IM3 的结构应该比较接近。在图 6-2 中我们发现，分子构型确实是这样的。并且发现在各反应步骤中，当反应分子数不变时，$\Delta_r S_m^0$ 变化较小；而第五步中，由于分子数发生了变化，所以其 $\Delta_r S_m^0$ 发生较大变化。总反应过程中 $\Delta_r S_m^0 > 0$ 而且 $\Delta_r G_m^0 > 0$。因为 $\Delta_r H_m^0 > 0$，可见升高温度对降解反应是有利的。所以，通过详细、准确地得出热力学函数变化可以为过渡态和中间体结构的推测提供很多判断依据和有用信息。

6.4.4 动力学计算及讨论

按照 Eyring 化学反应的过渡态理论（TST）[204]，对于基元反应，$\Delta_r H_m^*$ 根据式（6-1）得到，由式（6-3）可得到活化能 E_a，由式（6-4）的计算可以得到速率常数 k。

$$\Delta_r H_m^* = E_{elec}(TS) + H_m^0(TS) - E_{elec}(R) - H_m^0(R) \tag{6-1}$$

$$\Delta_r S_m^* = S_m^0(TS) - S_m^0(R) \tag{6-2}$$

$$E_a = \Delta_r H_m^* + nRT \tag{6-3}$$

表 6-4　　　　　　　　　　　　　反应机理中各反应步骤的热力学性质

	Path 1					
Steps	$\Delta_r H_m^0/(\text{kJ/mol})$		$\Delta_r S_m^0/[\text{J}/(\text{mol}\cdot\text{K})]$		$\Delta_r G_m^0/(\text{kJ/mol})$	
	298.15 K	875 K	298.15 K	875 K	298.15 K	875 K
Step1	4.96	10.24	−0.58	7.62	5.17	5.95
Step2	4.43	10.54	37.61	50.03	−6.79	−33.24
Step3	−0.34	−0.42	−6.82	−7.05	1.69	5.74
Step4	−8.06	1.19	3.5	−8.44	−8.40	−9.84
Step5	−9.9	−18.94	26.41	11.5	−17.77	−29.01

	Path 2					
Steps	$\Delta_r H_m^0/(\text{kJ/mol})$		$\Delta_r S_m^0/[\text{J}/(\text{mol}\cdot\text{K})]$		$\Delta_r G_m^0/(\text{kJ/mol})$	
	298.15 K	875 K	298.15 K	875 K	298.15 K	875 K
Step1	4.96	10.24	−0.58	7.62	5.17	5.95
Step6	−6.99	−5.93	12.09	14.38	−2.524	−4.411
Step7	3.02	9.27	20.29	32.1	0.692	4.478
Step5	−9.9	−18.94	26.41	11.5	−4.232	−6.908

$$k = \frac{k_b T}{h}\left(\frac{p_0}{RT}\right)^{1-n}\exp\left(\frac{\Delta_r S_m^*}{R}\right)\exp\left(\frac{-\Delta_r H_m^*}{RT}\right) \tag{6-4}$$

式中,T 为反应温度;k_b、p_0、h 和 R 分别为 Boltzmann 常数、标准大气压、Planck 常数和气体常数;n 为各基元反应反应物的分子数。

通过计算得到各基元反应的活化熵、活化焓、活化能和化学反应速率常数 k 列于表6-5。根据速率常数 k,可以更准确地判断反应机理中的决速步骤。在路径1中,第三步(IM2→IM3)的活化能是整个反应机理中最小的,其活化能的大小甚至不能达到典型化学反应的活化能;而且其速率常数 $\ln k_3$(298.15 K)=17.86 最大。并且我们从分子构型上看,化学键的断裂和生成的确没有在这个反应过程中发生,只是一个顺反异构化的过程。在整个反应机理中活化能最大的基元反应是第四步(IM3→IM4),为 356.31 kJ/mol,同时其速率常数 $\ln k_1$(298.15 K)=−110.34 也是最小的,故可以认为这个基元反应是决速步骤。对应该决速步骤是一个氢原子转移的过程。最后一步过程也是一个 H 转移,除了与 H6 连接的键有变化外,其他的键都没有发生太大的变化,随着 H 的转移,导致 H_2S 的生成。通过两个温度下的反应速率常数大小,可以判断出,升高温度能加速噻吩降解过程。

在路径2中,第六步的活化能最大,其速率常数 $\ln k_6$ 最小,因此认为第六步是路径2的速率决速步骤。

噻吩降解生成 H_2S 的两条反应路径的势能剖面图见图6-3,图中的数据为相对于反应物各物种的单点能包括零点振动能校正,可以通过表6-3中各物种的单点能和零点振动能得到。并且从图6-3中也可以很清晰地得到:路径1和路径2所经历的能量最高点分别发生在 TS5 和 TS6,其中 TS5 的能量是最小的,且路径1中的其他物种的相对能量也比第2条路径中的低,所以结构稳定,因此我们可以确定路径1是噻吩降解生成 H_2S 的最优路径。

表 6-5　　　**噻吩降解路径中各基元反应的活化焓、活化熵、活化能及速率常数**

Path 1

Steps	$\Delta_r H_m^*$/(kJ/mol)		$\Delta_r S_m^*$/[J/(mol·K)]		E_a/(kJ/mol)		$\ln k$/(s^{-1})	
	298.15 K	875 K	298.15 K	875 K	298.15 K	875 K	298.15 K	875 K
Step1	317.14	321.52	−2.23	0	319.62	328.80	−98.81	−13.70
Step2	99.79	96.22	21.03	17.54	102.27	103.49	−8.28	19.41
Step3	24.39	19.08	−14.48	−24.43	26.87	26.35	17.86	24.97
Step4	353.83	354.65	24.84	27.07	356.31	361.92	−110.34	−14.99
Step5	88.73	72.65	27.94	0.15	91.21	79.92	−2.99	20.56

Path 2

Steps	$\Delta_r H_m^*$/(kJ/mol)		$\Delta_r S_m^*$/[J/(mol·K)]		E_a/(kJ/mol)		$\ln k$/(s^{-1})	
	298.15 K	875 K	298.15 K	875 K	298.15 K	875 K	298.15 K	875 K
Step1	317.14	321.52	−2.23	0	319.62	328.80	−98.81	−13.70
Step6	413.98	415.40	18.94	22.01	416.46	422.67	−135.33	−23.88
Step7	5.65	5.43	14.47	14.21	8.13	12.70	28.92	31.49
Step5	88.73	72.65	27.94	0.15	91.21	79.92	−2.99	20.56

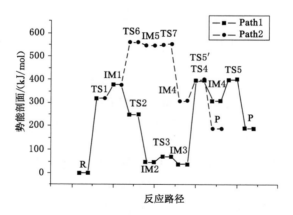

图 6-3　噻吩降解的势能剖面图

6.5　加入外电场作用下噻吩的降解反应机理

我们已经知道噻吩在降解时生成大量的 H_2S。在煤的热解过程中也发现，950 ℃时检测到的 H_2S 主要是噻吩结构的硫转化成的。研究电场作用下的分子材料是理解电子传递的基础，目前，对电场作用下分子结构的变化也有相关研究[205-209]，但是还没有关于噻吩在外电场作用下生成 H_2S 的详细动力学数据。因此需要对噻吩在外电场作用下的降解过程中涉及的可能基元反应进行过渡态搜索等，并根据过渡态理论得到全面的动力学数据。

　　采用与本章前面相同的计算方法和参数对噻吩在外电场作用下的降解机理进行研究。通过计算出的动力学参数和结构微观参数等,总结出 H_2S 的形成机理,归纳噻吩在外电场作用下降解过程中硫迁移规律,期望对煤利用过程中的微波脱硫提供理论依据。

6.5.1　理论方法

　　外电场作用下分子体系哈密顿量 H 为

$$H = H_0 + H_{int} \tag{6-5}$$

式中,H_0 为无外电场时的哈密顿量;H_{int} 为外电场与分子体系相互作用的哈密顿量。在偶极近似下,分子体系与外电场的相互作用能为

$$H_{int} = -\mu \cdot F \tag{6-6}$$

式中,μ 为分子电偶极矩,全部计算在 MS 6.0 软件包中进行。根据 Grozema 等提出的模型[210-211],在电场作用下的激发能 E_{exc} 与电场强度 F、电偶极矩和极化率的变化量 $\Delta\mu$ 和 $\Delta\alpha$ 满足关系

$$E_{exc}(F) = E_{exc}(0) - \Delta\mu \cdot F - \frac{1}{2}\Delta\alpha F^2 \tag{6-7}$$

其中 $E_{exc}(0)$ 为无电场时的能量,振子强度 f_{1u} 为

$$g_l f_{1u} = \frac{8\pi^2 mca_0^2\sigma}{3h}S = 3.039\ 66 \times 10^{-6}\sigma S \tag{6-8}$$

其中线强度为原子单位($e^2a_0^2$),g_l 为加权因子,这里等于 1,σ 表示波数[212]。

6.5.2　加入外电场情况下 H₂S 的释放机理

　　根据前面分析,提出了在外电场作用下以 α—H 转移为第一步的两条反应路径(见图6-4)。同样通过对反应机理中的各物种进行计算以及频率分析结果表明:反应物、产物和中间体的力常数矩阵本征值全为正值;各过渡态的唯一虚频以及对应的简正振动模式列于表6-6 中。由虚频数据对比无外电场情况下,可以得出加入外电场后各虚频发生了变化。加入电场后两条反应路径中各物种的优化结构参数及其原子编号见图 6-5。下面将对噻吩在

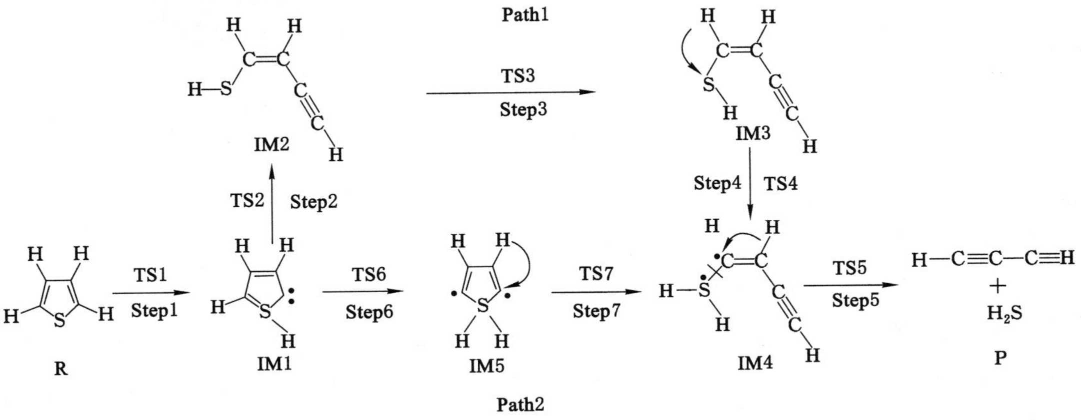

图 6-4　噻吩在外电场作用下降解的反应机理(0.000 5 a.u.)

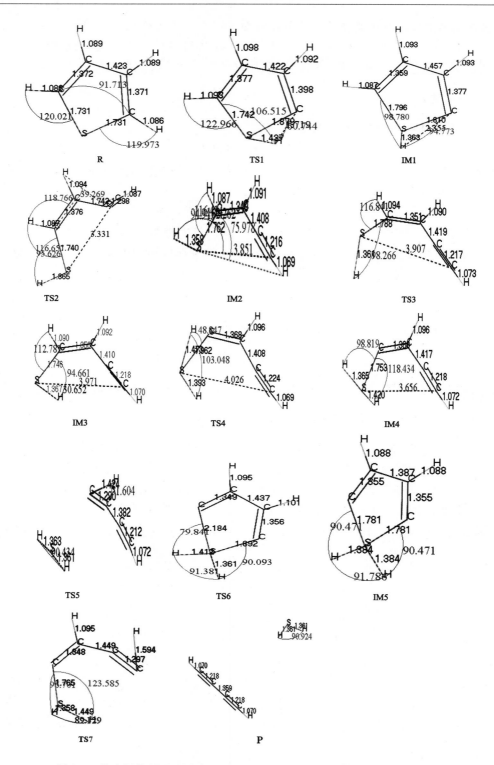

图 6-5　外电场作用下噻吩降解过程中各物种的结构参数(0.000 5 a.u.)

外电场作用下的两条反应路径进行逐一分析。

表 6-6　　　　外电场作用下各过渡态的唯一虚频以及相关化学键(0.000 5 a. u.)

过渡态	虚频/cm^{-1}	简正振动模式
TS1	−932.99	C4—H9—S5
TS2	−113.91	C3—H8—C4
TS3	−333.66	C1—S5—H9
TS4	−1 264.72	C1—H6—S5
TS5	−303.57	C2—H9—C1
TS6	−196.11	C1—H6—S5
TS7	−230.97	C3—H8—C4

6.5.2.1　外电场作用下以 H 转移为第一步的 H$_2$S 生成过程

在路径 1 中,H9 先从 C4 转移到 S5 上:C4—H9 键断裂,然后 S5—H9 键的形成,IM1 形成。在这个过程中,C4—H9 的键长从反应物中的 1.086 Å 增加到过渡态 TS1 中的 1.719 Å 和中间体 IM1 中的 2.355 Å,噻吩中 C4—S5 键长从反应物中的 1.731 Å 变成过渡态 TS1 中 1.879 Å 和中间体 IM1 中的 1.810 Å。在这一步骤中,经过具有唯一虚频的过渡态 TS1 中所含的 S 和 C 原子基本处于一个平面内,而 H 则不在这个平面内。另外,在这一步骤过程中,伴随着 H 的转移,噻吩的 C_{2v} 对称性被破坏,改变了 C1 和 C4 原子上的 Mulliken 净电荷分布,分别为−0.207 和−0.158(见表 6-7)。噻吩的 π—6 共轭体系也被破坏。接着,IM1 中的 H8 从 C3 转移到 C4 上,同时,C4—S5 键断裂形成 IM2,C4—S5 的键长从 1.810 Å 拉长到 3.851 Å,说明噻吩的结构从环状变成了链状。而 C3—C4 的键长从 1.402 Å 缩短至 1.216 Å,∠C2—C3—C4 与∠C3—C4—H8 差不多接近 180°,说明 C3—C4 键具有叁键性质。IM2 中 C4 原子上的净电荷比 IM1 中的净电荷变得更负,由−0.158 变为−0.340,这是由于 C3、C4 由原来 IM1 中的 sp^2 杂化变成了 IM2 中的 sp 杂化,而在 sp^2 杂化轨道中 s 成分占 $\frac{1}{3}$,sp 杂化轨道中 s 成分占 $\frac{1}{2}$,sp 杂化轨道中 s 成分比 sp^2 杂化轨道中 s 成分大。轨道中的 s 成分愈大,说明电子云愈靠近原子核。所以 C4 和 H 形成的 C—H 键上的电子更靠近了碳原子。结果使得 $\overset{\delta-}{\equiv}\text{C}—\overset{\delta+}{\text{H}}$ 键的极性增加,使 H 原子具有一定的酸性。第三步是一个具有顺式结构的 IM2 异构化成具有反式结构的 IM3 的过程,在这一步骤中主要是 H9 的偏移,使得∠C4—S5—H9 从 162.262°变成 30.652°。第四步(IM3→IM4)也是一个 H 转移的过程,只有与 H6 连接的键有变化,其他的键都没有发生太大的改变。H6 向 S5 靠近,分子整个发生了稍微扭转。最后,伴随着 H7 从 C2 转移到 C1 上,H$_2$S 从原来的结构离开,从而丁二炔形成。

表 6-7   外电场作用下 Path1 中各结构的 Mulliken 电荷(0.0005 a. u.)

	R	TS1	IM1	TS2	IM2	TS3	IM3	TS4	IM4	TS5	P
C1	−0.145	−0.175	−0.207	−0.016	−0.100	−0.133	−0.073	−0.225	−0.099	−0.241	−0.355
C2	−0.149	−0.097	−0.100	−0.235	−0.265	−0.211	−0.268	−0.280	−0.292	−0.092	0.157
C3	−0.149	−0.203	0.214	−0.145	0.179	0.200	0.176	0.190	0.184	0.186	0.156
C4	−0.145	−0.183	−0.158	−0.199	−0.340	−0.325	−0.344	−0.337	−0.364	−0.318	−0.357
S5	−0.113	−0.163	−0.142	−0.221	−0.276	−0.350	−0.324	−0.294	−0.263	−0.451	−0.471

路径 2 和路径 1 具有相同的第一步,然后 H6 从 IM1 中的 C1 转移到 S5 上,导致形成 IM5,其具有 C_{2v} 对称性的结构,IM5 含有两个未成对的电子,分别是 C4 和 C1 上的 σ 类型的电子。接着 IM5 中的 H8 从 C3 转移到 C4 上,随着 C4—S5 键从 1.781 Å 拉长到 3.656 Å,噻吩的环状结构变成链状,从而导致中间体 IM4 的生成。最后一步过程中也是 H7 从 C2 转移到 C1 上,导致丁二炔和 H_2S 的形成,在这一步中经历过渡态 TS5′,它和 TS5 具有相似的能量和结构。

6.5.2.2   外电场作用下热力学计算和讨论

表 6-8 中列出了反应物、生成物及各过渡态、中间态的电子能量 E_{elec},298. 15 K 和 875 K 下的统计熵 S_m^0 和 H_m^0,其中 S_m^0 和 H_m^0 均包括了转动、平动和振动的贡献,其零点振动能包含在 H_m^0 中了。

表 6-8   外电场作用下反应机理中各物种电子能量和统计热力学函数(0.000 5 a. u.)

	E_{elec} /(kJ/mol)	H_m^0(含 ZPVE)/(kJ/mol)		S_m^0/[J/(mol·K)]		ZPVE /(kJ/mol)	活化能 /(kJ/mol)	电偶极矩 /debye
		298.15 K	875 K	298.15 K	875 K			
R	−1 457 435.83	185.69	256.51	286.11	410.59	172.25	−4 193.47	0.326
TS1	−1 457 069.50	167.69	238.22	289.91	414.33	153.61	−3 826.03	3.153 3
IM1	−1 457 090.58	174.84	249.24	293.87	425.52	159.97	−3 848.85	3.561 1
TS2	−1 456 998.34	168.55	240.85	310.30	438.97	151.85	−3 754.84	4.040 1
IM2	−1 457 217.09	174.44	251.61	324.69	462.79	156.69	−3 974.64	1.379 8
TS3	−1 457 193.37	171.87	244.10	313.30	442.16	154.98	−3 950.11	1.012 2
IM3	−1 457 224.99	174.00	251.12	320.39	458.32	155.93	−3 981.81	0.124 2
TS4	−1 456 848.11	152.52	231.11	335.12	476.61	132.34	−3 604.80	2.616 6
IM4	−1 456 942.99	165.48	244.20	322.09	462.96	146.92	−3 700.55	2.935 8
TS5	−1 456 832.30	140.58	202.81	330.54	442.89	122.46	−3 590.04	3.422 2
P	−1 457 056.32	155.82	225.47	348.09	474.02	136.59	−3 812.19	0.912 5
TS6	−1 456 689.98	161.08	234.10	310.10	439.92	144.25	−3 447.25	0.183 1
IM5	−1 456 671.53	170.25	245.33	305.86	439.15	153.56	−3 428.17	0.290 3
TS7	−1 456 732.15	153.13	229.10	325.28	461.13	134.43	−3 489.682	1.406 8

　　反应机理中各步骤的主要热力学函数根据计算得出的结果见表 6-9。从表中的 $\Delta_r H_m^0$ 可以看出，噻吩的降解过程是吸热反应。其中热效应明显较小的一个步骤是第三步（IM2→IM3）。依照 Hammond 假设，IM2、TS3 和 IM3 的结构应该比较接近。在图 6-5 中我们发现，分子构型确实是这样的。并且发现在各反应步骤中，当反应分子数不变时，$\Delta_r S_m^0$ 变化较小；而第五步中，由于分子数发生了变化，所以其 $\Delta_r S_m^0$ 发生较大变化。总反应过程中 $\Delta_r S_m^0$ >0 而且 $\Delta_r G_m^0$ >0。因为 $\Delta_r H_m^0$ >0，可见升高温度对降解反应是有利的。所以，通过详细、准确地得出热力学函数变化可以为过渡态和中间体结构的推测提供很多判断依据和有用信息。

表 6-9　　　　外电场作用下反应机理中各反应步骤的热力学性质（0.000 5 a.u.）

Path 1						
Steps	$\Delta_r H_m^0/(kJ/mol)$		$\Delta_r S_m^0/[J/(mol \cdot K)]$		$\Delta_r G_m^0/(kJ/mol)$	
	298.15 K	875 K	298.15 K	875 K	298.15 K	875 K
Step1	−10.85	−7.27	7.76	14.93	−3.13	−4.84
Step2	−0.4	2.37	30.82	37.27	−2.28	−7.20
Step3	−0.44	−0.49	−4.3	−4.47	0.20	0.82
Step4	−8.52	6.92	1.7	4.64	−2.15	−2.62
Step5	−9.66	−18.73	26.00	11.06	−4.14	−6.76

Path 2						
Steps	$\Delta_r H_m^0/(kJ/mol)$		$\Delta_r S_m^0/[J/(mol \cdot K)]$		$\Delta_r G_m^0/(kJ/mol)$	
	298.15 K	875 K	298.15 K	875 K	298.15 K	875 K
Step1	−10.85	−7.27	7.76	14.93	−3.13	−4.84
Step6	−4.59	−3.91	11.99	13.69	−1.94	−3.77
Step7	−4.77	−1.13	16.23	23.81	−2.29	−5.23
Step5	−9.66	−18.73	26.00	11.06	−4.14	−6.76

6.5.2.3　外电场作用下动力学计算及讨论

　　按照 Eyring 化学反应的过渡态理论（TST）[204]，对于基元反应，$\Delta_r H_m^0$ 根据式（6-1）得到，由式（6-3）可得到活化能 E_a，式（6-4）计算得到速率常数 k。

　　通过计算得到各基元反应的活化熵、活化焓、活化能和化学反应速率常数 k 列于表 6-10。根据速率常数 k，可以更准确地判断反应机理中的决速步骤。在路径 1 中，第三步（IM2→IM3）的活化能是整个反应机理中最小的，其活化能的大小甚至不能达到典型化学反应的活化能；而且其速率常数 $\ln k_3$（298.15 K）=19.55 最大。并且我们从分子构型上看，化学键的断裂和生成的确没有在这个反应过程中发生，只是一个顺反异构化的过程。在整个反应机理中活化能最大的基元反应是第四步（IM3→IM4），为 357.88 kJ/mol，同时其速率常数 $\ln k_1$（298.15 K）=−112.19 也是最小的，故可以认为这个基元反应是决速步骤。对应该决速步骤是一个氢原子转移的过程。最后一步过程也是一个 H 转移，除了与 H6 连接的键有变化外,其他的键都没有发生太大的变化,随着 H 的转移,导致 H_2S 的生成。通过两个温度下的反应速率常数大小,可以判断出,升高温度能加速噻吩降解过程。

表 6-10　外电场作用下噻吩降解路径中各基元反应的活化焓、活化熵、活化能及速率常数(0.000 5 a.u.)

Path 1								
Steps	$\Delta_r H_m^*$/(kJ/mol)		$\Delta_r S_m^*$/[J/(mol·K)]		E_a/(kJ/mol)		$\ln k$/(s^{-1})	
	298.15 K	875 K	298.15 K	875 K	298.15 K	875 K	298.15 K	875 K
Step1	348.33	348.04	3.79	3.74	350.81	355.31	−110.66	−16.89
Step2	85.95	83.85	16.43	13.45	88.43	91.12	−3.25	20.62
Step3	21.15	16.21	−11.39	−20.63	23.63	23.48	19.55	25.82
Step4	355.4	356.87	14.73	18.29	357.88	364.14	−112.19	−16.36
Step5	85.79	69.30	8.45	−20.08	88.27	76.57	−4.15	18.58

Path 2								
Steps	$\Delta_r H_m^*$/(kJ/mol)		$\Delta_r S_m^*$/[J/(mol·K)]		E_a/(kJ/mol)		$\ln k$/(s^{-1})	
	298.15 K	875 K	298.15 K	875 K	298.15 K	875 K	298.15 K	875 K
Step1	348.33	348.04	3.79	3.74	350.81	355.31	−110.66	−16.89
Step6	386.84	385.46	16.23	14.40	389.32	392.73	−124.70	−24.22
Step7	−77.74	−76.85	19.43	21.98	−75.26	−69.58	63.17	43.73
Step5	85.79	69.30	8.45	−20.08	88.27	76.57	−4.15	18.58

在路径 2 中,第六步的活化能最大,其速率常数 $\ln k_6$ 最小,因此认为第六步是路径 2 的速率决速步骤。

噻吩降解生成 H_2S 的两条反应路径的势能剖面图见图 6-6,图中的数据为相对于反应物各物种的单点能包括零点振动能校正,可以通过表 6-8 中各物种的单点能和零点振动能得到。并且从图 6-6 中也可以很清晰地得到:路径 1 和路径 2 所经历的能量最高点分别发生在 TS5 和 TS6,其中 TS5 的能量是最小的,且路径 1 中的其他物种的相对能量也比第 2

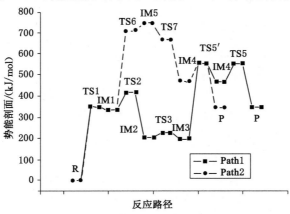

图 6-6　外电场作用下噻吩降解的势能剖面图(0.000 5 a.u.)

条路径中的低,所以结构稳定,因此我们可以确定路径 1 是噻吩降解生成 H_2S 的最优路径。

　　比较噻吩在有无外电场作用下降解生成 H_2S 的路径的分析可得:在有无电场作用下有相同的降解路径,但降解过程中各中间态及过渡态的结构及性能都发生了变化,各路径发生的难易程度是不同的。当外加电场为 0.001 a. u. 时,只有第一条路径,在某处过程优化结构找不到说明第二条路径不可能存在了。

6.6　外电场作用下不同含硫模型化合物裂解过程比较分析

　　关于活化能的准确定义是基元反应的过渡态与反应物之间的能量差。用反应的活化能可以表征反应进行的难易程度。活化能的意义是使分子具有足够的能量,能够断开旧键,形成新键。由于非噻吩类有机硫的模型化合物的断裂过程是一个分子裂解为两个自由基,在这样的基元反应中无须再形成新的化学键,所以活化能可以认为是被裂解的化学键的键能[204]。根据键能的定义,本书把反应前后的 ΔH(焓变)作为键能来计算对二甲基二硫醚的裂解活化能,由基元反应的过渡态与反应物之间的能量差来计算二苯并噻吩的裂解活化能。计算参数设置和本章前面一致。对二甲基二硫醚,其反应历程如下:

$$CH_3 \text{—} S \text{—} S \text{—} CH_3 \longrightarrow CH_3 \text{—} S \cdot + CH_3 \text{—} S \cdot$$

$$CH_3 \text{—} S \cdot + CH_3 \text{—} S \cdot \longrightarrow 2[\cdot CH_3 + S\text{:}]$$

通过计算所得对二甲基二硫醚裂解活化能随电场变情况如表 6-11 所示。

表 6-11　　　　　　对二甲基二硫醚裂解活化能随电场变化情况

电场/a. u.	0	0.000 1	0.000 2	0.000 3	0.000 4	0.000 5
活化能/(kJ/mol)	260.6	243.9	253.3	226.7	223.8	219.1

　　由二甲基二硫醚的降解途径分析可知,它的降解有甲基自由基和(S:)根自由基生成,(S:)根自由基会与氢自由基结合,以 H_2S 形式逸出。

　　对于二苯并噻吩降解途径如图 6-7 所示

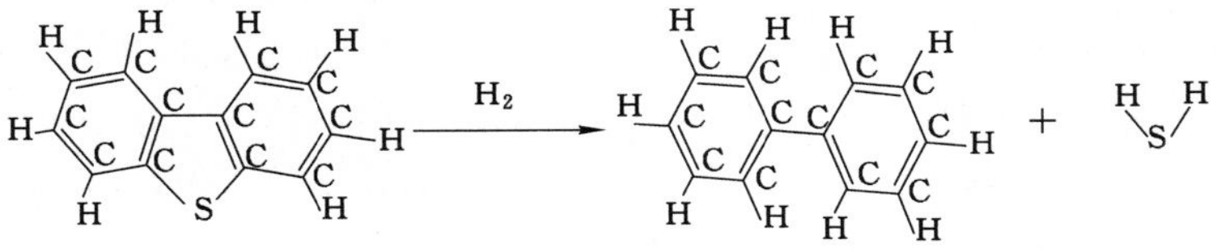

图 6-7　二苯并噻吩降解途径

通过计算所得二苯并噻吩裂解活化能随电场变情况如表 6-12 所示。

表 6-12　　　　　　二苯并噻吩裂解活化能随电场变化情况

电场/a. u.	0	0.000 1	0.000 2	0.000 3	0.000 4	0.000 5
活化能/(kJ/mol)	380.5	378.9	376.3	369.7	367.8	362.1

由表 6-11 和表 6-12 中数据可知,随着外加电场的加入,二甲基二硫醚和二苯并噻吩的裂解活化能降低,从而从理论上间接说明,微波除了具有热效应外,还存在一种不是由温度引起的非热效应。微波作用下的有机反应,改变了反应动力学,降低了反应活化能。

煤质和微波能之间的相互作用能表达式为

$$P = 56.62 \times 10^{-12} f E^2 \varepsilon''$$

式中　　P——吸收的能量;

　　　　f——应用频率;

　　　　E——电场强度;

　　　　ε''——复介电常数的虚部。

将式中的 f、E、ε'' 分别用我们的实验数据代入得到新峪煤质和微波能之间的相互作用能量约为 246.53 kJ/mol,这个数值达不到噻吩硫在外场作用下的裂解活化能值,大于大部分硫醇(醚)类有机化合物在外场作用下的裂解活化能。从能量机制上说明为什么在新峪精煤微波脱硫实验中,硫醇(醚)类脱除效果比较好,而对于噻吩硫却效果不佳。

6.7　本章小结

噻吩作为煤中最难脱除的有机硫化合物,一直以来都是研究的重点。通过对含硫模型化合物噻吩在有无外电场情况下降解机理进行研究,可以得出以下几点结论:

(1)关于噻吩在有无电场条件下的降解,提出了两条反应路径,通过对反应路径中各物种的原子电荷、热力学和动力学分析得出:噻吩降解生成硫化氢的最有利的反应路径为:Path1 中,首先是 H9 转移到 S5 上,接着 H8 从 C3 转移到 C4 上伴随着 C4—S5 键的断裂,然后 H6 转移到 S5 上,最后随着 H7 从 C2 转移到 C1 上,H_2S 离开原来的结构,丁二炔形成。Path2 具有和 Path1 相同的第一步,IM1 中的 H6 从 C1 转移到 S5 上,IM5 中的 H8 从 C3 转移到 C4 上,随着 C4—S5 键从 1.919 Å 拉长到 3.677 Å,最后一步也是 H7 从 C2 转移到 C1 上,导致 H_2S 和丁二炔的形成。当加入外电场为 0.0005 a.u. 时,在 Path1 中,H9 首先从 C4 转移到 S5 上,伴随着 C4—H9 键的断裂和 S5—H9 键的形成,中间体 IM1 形成。在此过程中,C4—H9 的键长从反应物中的 1.086 Å 增加到过渡态 TS1 中的 1.719 Å 和中间体 IM1 中的 2.355 Å,C4—S5 键长从反应物中的 1.731 Å 变为过渡态 TS1 中 1.879 Å 和中间体 IM1 中的 1.810 Å。然后 IM1 中的 H8 从 C3 转移到 C4 上伴随着 C4—S5 键的断裂形成 IM2,C4—S5 键的键长从 1.810 Å 拉长到 3.851 Å。第三步是一个具有顺式结构的 IM2 异构化成具有反式结构的 IM3 的过程,这一步主要是 H9 的偏移。第四步(IM3→IM4)也是一个 H 转移的过程,H6 向 S5 靠近,整个分子稍微发生了扭转。最后一步中,随着 H7 从 C2 转移到 C1 上,H_2S 离开原来的结构,丁二炔形成。

(2)比较噻吩在有无外电场作用下降解生成 H_2S 的路径的分析可得:在有无电场作用下有相同的降解路径,但降解过程中各中间态及过渡态的结构及性能都发生了变化,从噻吩降解的势能剖面图可知,各路径发生的难易程度是不同的。当外加电场为 0.001 a.u. 时,只有第一条路径,在某处过程优化结构找不到说明第二条路径不可能存在了。

(3)随着外加电场的加入,二甲基二硫醚和二苯并噻吩的裂解活化能降低,从而从理论上间接说明,微波除了具有热效应外,还存在一种不是由温度引起的非热效应。微波作用下的有机反应,改变了反应动力学,降低了反应活化能。从能量机制上说明为什么在新峪精煤微波脱硫实验中,硫醇(醚)类脱除效果比较好,而对于噻吩硫却效果不佳。

7 主 要 结 论

7.1 结论

通过对新峪煤及其中含硫模型化合物的测定、性能计算、在外电场作用下化合物性能计算、在外电场作用下含硫模型化合物降解途径计算分析研究,本书得出主要结论如下:

(1) 模型化合物的选择:以山西新峪精煤(XY)为研究用煤,利用全组分分离实验测定有机硫赋存规律与分布,通过煤全组分分离实验可得到新峪精煤及各族组分中 GC/MS 可检测含硫小分子化合物共有八种,其中噻吩类硫五种,硫醇(醚)类硫三种。

(2) 运用 MS 6.0 计算软件对新峪煤中八种含硫模型化合物及新峪精煤局部结构模型的性质进行了计算,得到模型化合物的主要性质:① 对于新峪精煤中八种含硫模型化合物,最高已占分子轨道或最低未占分子轨道主要分布在 S 上,说明硫原子是亲核活性点或是亲电活性点,这些是影响化合物活性的主要基团。② 从电荷分布情况分析可知,含硫模型化合物的负电荷主要分布在分子中的 S 原子上,说明含硫模型化合物中的 S 原子可能是受亲电试剂进攻的可能性作用点,这就可以预测,在形成配合物时,此原子优先配位。③ 新峪精煤局部结构中在交联程度较高区域的 C—S 单键是键的强度比较弱的地方,这些键在煤的降解过程中比较容易发生断裂,活性比较高。

(3) 外加电场对模型化合物性质的影响:① 随着外加正向电场的加大,对甲苯二硫醚分子中 S—S 键长增长,当外加电场超过一定强度时分子已断裂。② 当外加正向电场逐渐增大时,对甲苯二硫醚分子的总能、结合能、能隙均减小。这些结果说明当加入外加电场时,分子的活性增强,分子越来越不稳定。③ 随着外电场的加入,分子中各基团的谐振频率有所改变,向低频移动。④ 二苯并噻吩、氧芴、咔唑、苄基苯基硫醚分子随外电场作用分子键长发生了变化,而 1,2-二苯乙烷分子键长对外电场没有响应。并且对比从键长随电场变化的分析可得:正十八硫醇键长随外电场变化响应较强,并且外电场只能加到 0.01 a.u. 后就找不到稳定的分子结构。苄基苯基硫醚键长随外电场变化情况次之,而二苯并噻吩键长随外电场变化响应情况最弱。⑤ 二苯并噻吩、氧芴、咔唑、苄基苯基硫醚、1,2-二苯乙烷五种模型化合物电偶极矩基本上都随着外电场的增强而增加,并且在其中,咔唑的电偶极矩最大,其次是苄基苯基硫醚,二苯并噻吩的电偶极矩较小,说明苄基苯基硫醚和极性比二苯并噻吩要强。这和微波实验测试结果互相吻合。

(4) 不同温度场作用下含硫模型化合物性能变化情况。温度在 300～800 K 之间变化时,二苯并噻吩分子总能、结合能、分子体系最高占据轨道(HOMO)能级 E_H、最低空轨道(LUMO)能级 E_L、能隙 E_G、总势能、自旋极化能随着温度的变化而变化得很小。从理论上间接说明微波脱硫具有一定的热效应,但是响应程度和温度场关系很弱,并且没有什么规律可循。

（5）外加电场对反应路径的影响：关于噻吩的在外电场作用下降解情况，提出了两条反应路径，通过对反应路径中各物种的原子电荷、热力学和动力学分析得出：当加入外电场为 0.000 5 a.u. 时，在 Path1 中，H9 首先从 C4 转移到 S5 上，伴随着 C4—H9 键的断裂和 S5—H9 键的形成，中间体 IM1 形成。在此过程中，C4—H9 的键长从反应物中的 1.086 Å 增加到过渡态 TS1 中的 1.719 Å 和中间体 IM1 中的 2.355 Å，C4—S5 键长从反应物中的 1.731 Å 变为过渡态 TS1 中 1.879 Å 和中间体 IM1 中的 1.810 Å。然后 IM1 中的 H8 从 C3 转移到 C4 上伴随着 C4—S5 键的断裂形成 IM2，C4—S5 键的键长从 1.810 Å 拉长到 3.851 Å。第三步是一个具有顺式结构的 IM2 异构化成具有反式结构的 IM3 的过程，这一步主要是 H9 的偏移。第四步（IM3→IM4）也是一个 H 转移的过程，H6 向 S5 靠近，整个分子稍微发生了扭转。最后一步中，随着 H7 从 C2 转移到 C1 上，H_2S 离开原来的结构，丁二炔形成。比较噻吩在有无外电场作用下降解生成 H_2S 的路径的分析可得：在有无电场作用下有相同的降解路径，但降解过程中各中间态及过渡态的结构及性能都发生了变化，从噻吩降解的势能剖面图可知，各路径发生的难易程度是不同的。当外加电场为 0.001 a.u. 时，只有第一条路径，在某处过程优化结构找不到说明第二条路径不可能存在了。从理论间接说明微波对噻吩的降解生成 H_2S 途径及途径中各中间态和过渡态的性能都会有作用。

（6）随着外加电场的加入，二甲基二硫醚和二苯并噻吩的裂解活化能降低，从而从理论上间接说明，微波除了具有热效应外，还存在一种不是由温度引起的非热效应。微波作用下的有机反应，改变了反应动力学，降低了反应活化能。从能量机制上说明为什么在新峪精煤微波脱硫实验中，硫醇（醚）类硫脱除效果比较好，而对于噻吩硫却效果不佳。

7.2　本书的主要创新点

本书的主要创新点如下：

（1）采用密度泛函理论从原子、分子层面对煤中有机硫性质进行了认知研究。

运用密度泛函理论对新峪煤中八种含硫模型化合物及新峪精煤局部结构模型的性质进行了计算分析，结果可以为煤中有机硫的脱除提供理论指导。

（2）研究了外加电场对含硫模型化合物性质及化合物降解反应路径的影响。

对含硫模型化合物在外电场作用下性能变化情况进行了分析比较。比较噻吩在有无外电场作用下降解生成 H_2S 的路径的分析可得：在有无电场作用下有相同的降解路径，但降解过程中各中间态及过渡态的结构及性能都发生了变化，从噻吩降解的势能剖面图可知，各路径发生的难易程度是不同的。从理论间接说明微波对噻吩的降解生成 H_2S 途径及途径中各中间态和过渡态的性能都会有作用。

（3）从理论上说明了煤中有机硫中噻吩硫难以脱除的原因。

① 通过理论计算得到了噻吩硫相对其他硫醇（醚）类等有机硫来说极性较小，对电磁场的响应较弱，并且噻吩类化合物随着外电场的增强，极性变化较小。和实验结果互相吻合。

② 从能量机制上说明了为什么在新峪精煤微波脱硫实验中，硫醇（醚）类硫脱除效果比较好，而对于噻吩硫却效果不佳。

（4）初步说明了微波脱硫过程非热效应的存在。

随着外加电场的加入，二甲基二硫醚和二苯并噻吩的裂解活化能降低，从而从理论上间接说明，微波除了具有热效应外，还存在一种不是由温度引起的非热效应。微波作用下的有机反应，改变了反应动力学，降低了反应活化能。

7.3　今后的研究方向

本书对新峪精煤进行了含硫小分子成分的分析并且采用密度泛函的方法对其性能进行了理论计算及分析，对含硫模型化合物在外电场作用下的性能情况及在外电场作用下降解生成 H_2S 途径开展了研究工作。但是由于实验仪器设备和理论认识的局限性，作者感到在研究中还有一些工作有待于进一步深入探讨和完善。

（1）开展不同外加电场作用下，噻吩降解生成 H_2S 途径的计算分析。

（2）丰富连续可调频率微波作用下脱硫实验研究。

参 考 文 献

[1] BAYSAL A, AKMAN S. A practical method for the determination of sulphur in coal samples by high-resolution continuum source flame atomic absorption spectrometry [J]. Talanta, 2011, 86: 586-593.

[2] WANG H, SHAO L Y, NEWTON R J, et al. Records of terrestrial sulfur deposition from the latest Permian coals in SW China[J]. Chemical Geology, 2012, (292-293): 18-24.

[3] GONSALVESH L, MARINOV S P, STEFANOVA M, et al. Evaluation of elemental sulphur in biodesulphurized low rank coals [J]. Fuel, 2011, 90(9): 2923-2930.

[4] JIMA G, KATSKOVA D, TITTTARELLI P. Sulfur determination in coal using molecular absorption in graphite filter vaporizer[J]. Talanta, 2011, 83: 1687-1694.

[5] SOLEIMANI M, BASSI A, MARGARITIS A. Biodesulfurization of refractory organic sulfur compounds in fossil fuels[J]. Biotechnology Advances, 2007, 25(6): 570-596.

[6] ZHANG H X, MA X Y, DONG X S, et al. Enhanced desulfurizing flotation of high sulfur coal by sonoelectrochemical method[J]. Fuel Processing Technology, 2012, 93 (1): 13-17.

[7] ZHAO W, XU W J, ZHONG S T, et al. Desulfurization of coal by an electrochemical-reduction flotation technique[J]. Journal of China University Mining and Technology, 2008, 18: 0571-0574.

[8] ZHAO Y P, HU H Q, JIN L J, et al. Pyrolysis behavior of vitrinite and inertinite from Chinese Pingshuo coal by TG-MS and in a fixed bed reactor[J]. Fuel Processing Technology, 2011, 92(4): 780-786.

[9] 凌丽霞. 杂原子类煤结构模型化合物的热解及含硫化合物脱除的量子化学研究[D]. 太原: 太原理工大学, 2010.

[10] 黄充. 煤中有机硫热解机理的量子化学和热解脱硫实验研究[D]. 武汉: 华中科技大学, 2005.

[11] 周强. 煤的热解行为及硫的脱除[D]. 大连: 大连理工大学, 2004.

[12] ZHU F, LI C H, FAN H L. Effect of binder on the properties of iron oxide sorbent for hot gas desulfurization[J]. Journal of Natural Gas Chemistry, 2010, 19: 169-172.

[13] 卫月琴, 王宝俊. 煤中含硫模型物萘基苄基硫醚的热解热力学[J]. 煤炭转化, 2010, 33 (2): 10-13.

[14] WAANDERS F B, MOHAMED W, WAGNER N J. Changes of pyrite and pyrrhotite in coal upon microwave treatment[C]//International Conference on the Applications

of the Mössbauer Effect Journal of Physics：Conference Series，2010，217：12051-12056.

[15] MA S J,LUO W J,MO W,et al. Removal of arsenic and sulfur from a refractory gold concentrate by microwave heating[J]. Minerals Engineering,2010,23：61-63.

[16] LI J,QING C, LI J P, et al. Sulfur removal in coal tar pitch by oxidation with hydrogen peroxide catalyzed by trichloroacetic acid and ultrasonic waves[J]. Fuel, 2011, 90：3456-3460.

[17] CHELGANI S C,JORJANI E. Microwave irradiation pretreatment and peroxyacetic acid desulfurization of coal and application of GRNN simultaneous predictor[J]. Fuel,2011,90(11)：3156-3163.

[18] 丁乃东,傅家伟,李兆鑫,等.微波驱动的煤炭脱硫研究[J].洁净煤技术,2010,16(4)：49-52.

[19] 魏蕊娣,米杰.微波氧化脱除煤中有机硫[J].山西化工,2011,31(2)：1-4.

[20] 杨永清,崔林燕,米杰.超声波和微波辐射下萃取煤的有机硫形态分析[J].煤炭转化,2006,29(2)：8-11.

[21] 李志峰,林七女,孙业新,等.高硫炼焦煤脱硫技术的研究[J].燃料与化工,2011,42(3)：4-6.

[22] HE Z J,JIN Y L,ZHANG J H,et al. Disposal of low concentration fume with solid waste modified by microwave[J]. Journal of Environmental Sciences, 2011, 23 (Supplement) S149-S152.

[23] SEDO G,LEOPOLD K R. Microwave spectrum of （CH₃）₃CCN—SO₃[J]. Journal of Molecular Spectroscopy,2010,262：135-138.

[24] 郝振佳,曹新鑫,焦红光.微波技术在煤脱硫领域中的应用及发展[J].上海化工,2009,34(11)：28-31.

[25] WAANDERS F B,MOHAMED W,WAGNER N J. Changes of pyrite and pyrrhotite in coal upon microwave treatment[J]. Journal of Physics：Conference Series,2010,217：12051-12055.

[26] 兰新哲,裴建军,宋永辉,等.一种低变质煤微波热解过程分析[J].煤炭转化,2010,33(3)：15-18.

[27] 张军,解强,李兰亭,等.微波技术用于煤炭燃前脱硫的综述[J].煤炭加工与综合利用,2007,2：43-46.

[28] MAFFEI T,SOMMARIVA S,RANZI E,et al. A predictive kinetic model of sulfur release from coal[J]. Fuel,2012,91：213-223.

[29] 伊长虹.生物大分子的量子和经典的理论计算研究[D].济南:山东师范大学,2011.

[30] ZHENG X Z, ZHANG Y H, HUANG S P, et al. Adsorption of thiophene on transition metal atoms （Co,Ni and Mo）modified Al₂O₃ clusters：DFT approaches [J]. Computational and Theoretical Chemistry,2012,979：64-72.

[31] CHEN J H, WANG L, CHEN Y, et al. A DFT study of the effect of natural

impurities on the electronic structure of galena[J]. International Journal of Mineral Processing,2011,98:132-136.

[32] OPALKAA S,LOVVIK O M,EMERSONA S C,et al. Electronic origins for sulfur interactions with palladium alloys for hydrogen-selective membranes[J]. Journal of Membrane Science,2011,375:96-103.

[33] 郭宁. SbSn 金属间化合物的结构和对石油改性研究[D]. 南京:南京工业大学,2006.

[34] SUN X,WANG J Y,XIE S Q. Density functional study of elemental mercury adsorption on surfactants[J]. Fuel,2011,90:1061-1068.

[35] GUO Y H,CAO J X,XU B,et al. Electric field modulated dispersion and aggregation of Ti atoms on grapheme for hydrogen storage[J]. Computational Materials Science, 2013,68:61-65

[36] TORRISI A,BELL R G,MELLOT D C. Predicting the impact of functionalized ligands on CO_2 adsorption in MOFs:a combined DFT and grand canonical monte carlo study[J]. Microporous and Mesoporous Materials,2013,168(3):225-238

[37] SHAH M R,YADAY G D. Prediction of sorption in polymers using quantum chemical calculations:application to polymer membranes[J]. Journal of Membrane Science,2013, 427:108-117

[38] LI M,CUI J C,WANG J,et al. Radiation damage of tungsten surfaces by low energy helium atom bombardment—a molecular dynamics study[J]. Journal of Nuclear Materials,2013,433:17-22

[39] HAZRA D K,MUKHERJEE M,SEN R,et al. 18-crown-6 ether templated transition-metal dicyanamido complexes:synthesis,structural characterization and DFT studies [J]. Journal of Molecular Structure,2013,1033(1033):137-144

[40] LIU Y,LIU J,CHANG M,et al. Theoretical studies of CO_2 adsorption mechanism on linkers of metal-organic frameworks[J]. Fuel,2012,95:521-527

[41] LING L X,ZHANG R G,WANG B J,et al. Density functional theory study on the pyrolysis mechanism of thiophene in coal [J]. Journal of Molecular Structure Theochem,2009,905(1-3):8-12.

[42] CHEN J H,WANG,CHEN Y,et al. A DFT study of the effect of natural impurities on the electronic structure of galena[J]. International Journal of Mineral Processing, 2011,98(3-4):132-136.

[43] LING L X,ZHANG R G,WANG B J,et al. DFT study on the sulfur migration during benzenethiol pyrolysis in coal[J]. Journal of Molecular Structure Theochem,2010, 952(1-3):31-35.

[44] LING L X,WU J B,SONG J J,et al. The adsorption and dissociation of H_2S on the oxygen-deficient ZnO (1010) surface:a density functional theory study [J]. Computational and Theoretical Chemistry,2012,1000:26-32.

[45] MARTINEZ-MAGADÁN J M,OVIEDO-ROA R,GARCÍA P,et al. DFT study of

the interaction between ethanethiol and Fe-containing ionic liquids for desulfuration of natural gasoline[J]. Fuel Processing Technology,2012,97:24-29.

[46] LÜ RQ,QU ZQ,YU H,et al. The electronic and topological properties of interactions between 1-butyl-3-methylimidazolium hexafluorophosphate/tetrafluoroborate and thiophene [J]. Journal of Molecular Graphics and Modelling ,2012,36(36):36-41.

[47] FREITAS V L S, GOMES J R B, RIBEIRO S C, et al. Molecular energetics of 4-methyldibenzothiophene:an experimental study[J]. Journal of Chemical Thermodynamics,2010,42(2):251-255.

[48] NIEKERK D V, MATHEWS J P. Molecular dynamic simulation of coal-solvent interactions in permian-aged south african coal[J]. Fuel Processing Technology,2011,92:729-734.

[49] 刘振宇.煤炭能源中的化学问题[J].化学进展,2000,12(4):458-462.

[50] MIURA K,MAE K,SHIMADA M,et al. Analysis of formation rates of sulfur-containing gases during the pyrolysis of various coals [J]. Energy Fuel,2001,15(3):629-636.

[51] GRYGLEWICZ G,JASIEŃKO S. Sulfur groups in the cokes obtained from coals of different ranks[J]. Fuel Processing Technology,1988,19(1):51-59.

[52] GORBATZ M L, GEORGE G N, KELEMAN S .R. Direct determination and quantification of sulphur forms in heavy petroleum and coals (2): the sulphur K edge X-ray absorption spectroscopy approach [J]. Fuel,1990,69: 945-949.

[53] BROWN J R, KASRAI M,BANCROFT G M,et al. Direct identification of organic sulphur species in Rasa coal from sulphur L-edge X-ray absorption near-edge spectra [J]. Fuel,1992,71(6):649-653.

[54] 朱子彬,朱宏斌,吴勇强,等.烟煤快速加氢热解的研究(Ⅴ)煤和半焦中有机硫化学形态剖析[J].燃料化学学报,2001,29: 44-47.

[55] 孙成功,李保庆,SNAPE C E.煤中有机硫形态结构和热解过程硫变迁特性的研究[J].燃料化学学报,1997,25(4):358-362.

[56] 朱之培,高晋生.煤化学[M].上海:上海科技出版社,1984:62,125.

[57] 谢建军,杨学民,吕雪松,等.煤热解过程中硫氮分配及迁移规律研究进展[J].化工进展,2004,23(11):1214-1218.

[58] 孙林兵,倪中海,张丽芳,等.煤热解过程中氮、硫析出形态的研究进展[J].洁净煤技术,2002,8(3):47-50.

[59] KELEMEN S R,VAUGHN S N,GORBATY M L,et al. Transformation kinetics of organic sulphur forms in Argonne Premium coals during pyrolysis[J]. Fuel,1993,72(5):645-653.

[60] 王宝俊,张玉贵,谢克昌.量子化学计算在煤的结构与反应性研究中的应用[J].化工学报,2003,54:177-179.

[61] 孙庆雷,李文,陈皓凯,等.煤显微组分分子结构模型的量子化学研究[J].燃料化学学

报,2004,32(3):282-286.

[62] 侯新娟,杨建丽,李永旺. 煤大分子结构的量子化学研究[J]. 燃料化学学报,1999,27 (增刊),142-148.

[63] DOUGHTY A, MACKIE J C. Kinetic of pyrolysis of a coal model compound, 2-picoline, the nitrogen heteroaromatic analogue of toluene, the 2-picolyl radical and kinetic modeling[J]. Journal of Physical Chemistry,1992,96(25):10339-10348.

[64] SUGAWARA K,ENDA Y, SUGAWARA T,et al. Analysis of sulfur form change during pyrolysis of coals[J]. Journal of Synchrotron Radiation, 2001,8:955-957.

[65] CULLIS C F,NORRIS A C. The pyrolysis of organic compounds under conditions of carbon formation[J]. Carbon,1972,10:525-537.

[66] MEMON H U R,WILLIAMS A,WILLIAMS P T. Shock tube pyrolysis of thiophene [J]. International Journal of Energy Research,2003,27:225-239.

[67] HOHENHERG P,KOHN W. Inhomogeneous electron gas[J]. Physical Review, 1964,136:B864-B871.

[68] KOHN W. Electronic structure of matter:wave functions and density functionals[J]. Reviews of Modern Physics,1999,71(5):1253-1266.

[69] SHERRILL C D. The born-oppenheimer approximation[J]. School of Chemistry and Biochemistry Georgia Institute of Technology,2005:1-7.

[70] HARTREE D R. Mathematical proceedings of the cambridge philosophical society [J]. Cambridge University Press Proceedings,1928,24:89-110.

[71] PARR R G, YANG W. Density-functional theory of atoms and molecules[M]. Oxford:Oxford University Press,1989.

[72] THOMAS H. The calculation of atomic fields[J]. Proceedings of the Cambridge Philosophical Society,1927,23:542-548.

[73] FERMI E. The thomas-fermi model and dirac exchange energy[J]. Accad Naz Lincei, 1927,6:602-607.

[74] KOHN W,SHAM L J. Self-consistent equations including exchange and correlation effects[J]. Physical Review,1965,140:A1133-A113.

[75] PERDEW J P, ZUNGER A. Self-interaction correction to density functional approximations for many-electron systems[J]. Physical Review B, 1981, 23: 5048-5079.

[76] PERDEW J P,WANG Y. Accurate and simple density functional for the electronic exchange energy:generalized gradient approximation[J]. Physical Review B,1986,33 (12):8800-8802.

[77] PERDEW J P,CHEVARY J A,VOSKO S H,et al. Atoms,molecules,solids and surfaces: applications of the generalized gradient approximation for exchange and correlation[J]. Physical Review B,1992,46:6671-6687.

[78] PERDEW J P, BURKE K, ERNZERHOF M. Generalized gradient approximation

made simple[J]. Physical Review Letter,1996,77:3865-13868.

[79] ANISIMOV V I,ZAANEN J,ANDERSEN O K. Band theory and mott insulators: hubbard instead of stoner[J]. Physical Review B,1991,44:943-954.

[80] BELPASSI L,INFANTE I,TARANTELLI F,et al. The chemical bond between Au (I) and the noble gases comparative study of NgAuF and NgAu+(Ng) Ar,Kr,Xe) by density functional and coupled cluster methods [J]. Journal of the American Chemical Society,2008,130:1048-1060.

[81] VIGNALE G,RASOLT M. Density functional theory in strong magnetic fields[J]. Physical Review Letter,1987,59:2360-2363.

[82] RAJAGOPAL A K,CALLAWAY J. Inhomogeneous electron gas [J]. Physical Review B,1973,7:1912-1919.

[83] RAJAGOPA A K. Inhomogeneous relativistic electron gas[J]. Journal of Physics C, 1978,11:L943-L948.

[84] YANAI T,NAKAJIMA T,ISHIKAWA Y,et al. A highly efficient algorithm for electron repulsion integrals over relativistic four-component Gaussian-type spinors [J]. Journal of Chemical Physics,2002,116(23):10122-10128.

[85] LENTHE E V,BAERENDS E J,SNIJDERS J G. Relativistic regular two component Hamiltonians[J]. International Journal of Quantum Chemistry,1996,57(3):281-293.

[86] BARONI S. Phonons and related crystal properties from density functional perturbation theory[J]. Reviews of Modern Physics,2001,73:515-562.

[87] MANTZ Y A,MUSSELMAN R L. ZINDO calculations of the ground state and electronic transitions in the tetracyanonickelate Ion Ni(CN)$_4^{2-}$ [J]. Inorganic Chemistry,2002,41(22):5770-5777.

[88] HAN Y K,JUNG J. Does the "superatom" exist in halogenated aluminum clusters? [J]. Journal of the American Chemical Society,2008,130(1):2-3.

[89] UGRINOV A,SEN A,REBER A C,et al. [Te$_2$As$_2$]$^{2-}$: a planar motif with "conflicting" aromatic[J]. Journal of the American Chemical Society,2008,130(3): 782-787.

[90] REBER A C,KHANNA S N,ROACH P J,et al. Spin accommodation and reactivity of aluminum based clusters with O$_2$[J]. Journal of the American Chemical Society, 2007,129(51):16098-16101.

[91] CAO B P,NIKAWA H,NAKAHODO T,et al. Addition of adamantylidene to La2@C$_{78}$: isolation and single-crystal X-ray structural determination of the monoadducts[J]. Journal of the American Chemical Society,2008,130(3):983-989.

[92] VANDERBILT D. Soft self consistent pseudopotentials in a generalized eigenvalue formalism[J]. Physical Review B Condensed Matter,1990,41(11):7892-7895.

[93] ANDERSEN H C. Rattle:a "velocity" version of the shake algorithm for molecular dynamic calculations[J]. Journal of Computational Physics,1983,52(1):24-34.

［94］BERENDSEN H J C, POSTMA J P M, GUNSTEREN W F, et al. Molecular dynamics with coupling to an external bath[J]. Journal of Chemical Physics,1984,81 (8):3684-3690.

［95］NOSE S. A molecular dynamics method for simulations in the canonical ensemble[J]. Molecular Physics ,1984,52:255-268.

［96］NOSE S. A unified formulation of the constant temperature molecular dynamics methods[J]. Journal of Chemical Physics,1984,81:511-519.

［97］NOSE S. Constant temperature molecular dynamics methods[J]. Progress of Theoretical Physics Supplement,1991,103:1-46.

［98］HOOVER W. Canonical dynamics:equilibrium phase-space distributions[J]. Physical Review A,1985,31:1695-1697.

［99］CAR R, PARRINELLO M. Unified approach for molecular dynamics and density-functional theory[J]. Physical Review Letter,1985,55:2471-2474.

［100］HELDEN P,STEEN E. Coadsorption of CO and H on Fe(100)[J]. Journal of Physical Chemistry C,2016,112(42):16505-16513.

［101］HOOGENBOOM R,MEIER M A R,SCHUBERT U S. Combinatorial methods, automated synthesis and high-throughput screening in polymer research:past and present [J]. Macromol Rapid Commun,2003,24:15-32.

［102］SCHMATLOCH S, MEIER M A R, SCHUBERT U S. Instrumentation for combinatorial and high-throughput polymer research: a short overview [J]. Macromol Rapid Commun,2003, 24:33-46.

［103］XIAO J J,FANG G Y,JI G F,et al. Simulation investigations in the binding energy and mechanical properties of HMX-based polymer-bonded explosives[J]. Chinese Science Bulletin,2005,50(1):21-26.

［104］LEGOAS S B,COLUCI V R,COURA P Z,et al. Molecular-dynamics simulations of carbon nanotubes as gigahertz oscillators[J]. Physical Review Letter,2003,90(5): 1-4.

［105］GAO Y H,BANDO Y,LIU Z W,et al. Temperature measurement using a gallium-filled carbon nanotube nanothermometer[J]. Applied Physics Letters,2003,83(14): 2913-2916.

［106］ANDZELM J, GOVIND N, FITZGERALD G, et al. DFT study of methanol conversion to hydrocarbons in a zeolite catalyst[J]. International Journal Quantum Chemistry,2003,91(3):467-473.

［107］GOVIND N, ANDZELM J, REINDEL K, et al. Zeolite-catalyzed hydrocarbon formation from methanol:density functional simulations[J]. International Journal of Molecular Sciences,2002,3(4):423-434.

［108］JORDAAN M, HELDEN P, SITTERT CGCEV, et al. Experimental and DFT investigation of the 1-octene metathesis reaction mechanism with the grubbs 1-

precatalyst[J]. Journal of Molecular Catalysis A Chemical,2006,254(1):145-154.

[109] 孟华平,赵炜,章日光,等.半焦对富含甲烷气体转化制备合成气的作用(IV)理论分析半焦表面含氧官能团的催化机理[J].煤炭转化,2008,31(3):31-35.

[110] 章日光,黄伟,王宝俊.CH₄和CO₂合成乙酸中CO₂与H·和CH₃·相互作用的理论计算[J].催化学报,2007,28(7):641-645.

[111] 徐光宪,黎乐明,王德民.量子化学基本原理和从头计算法(中册)[M].北京:科学出版社,1985.

[112] LEVINE I N. Quantum chemistry[M]. Fifth Ed. Beijing:Prentice Hall, Inc,2004,5-7.

[113] 范康年.物理化学[M].第二版.北京:高等教育出版社,1995,22-23.

[114] EYRING H. The activated complex and the absolute rate of chemical reactions[J]. Chemical Review,1935,17(1):65-77.

[115] 张永发.神府煤的结构及其在甲醇碱催化剂(BCII)体系中的解聚反应性[D].太原:太原理工大学,1999.

[116] 谢克昌.煤的结构与反应性[M].北京:科学出版社,2002:115.

[117] FROST D C,LEEDER W R,TAPPLING R L. X-ray photoelectron spectroscopic investigation of coal[J]. Fuel,1974,53(3):206-211.

[118] 常海洲,王传格,曾凡桂,等.不同还原程度煤显微组分组表面结构 XPS 对比分析[J].燃料化学学报,2006,34(4):389-394.

[119] 陈鹏.用 XPS 研究兖州煤各显微组分中有机硫存在形态[J].燃料化学学报,1997,25(3):238-241.

[120] 姚明宇,刘艳华,车得福.宜宾煤中氮的形态及其变迁规律研究[J].西安交通大学学报,2003,37(7):759-763.

[121] 代世锋,任德贻,宋建芳,等.应用 XPS 研究镜煤中有机硫的存在形态[J].中国矿业大学学报,2002,31(3):225-118.

[122] MIURA K,MAE K,SHIMADA M,et al. Analysis of formation rates of sulfur-containing gases during the pyrolysis of various coals[J]. Energ Fuel,2001,15(3):629-636.

[123] CALKINS W H. The chemical forms of sulfur in coal:a review[J]. Fuel,1994,73:457-484.

[124] 周强.中国煤中硫氮的赋存状态研究[J].洁净煤技术,2008,14(1):73-77.

[125] 冯玉斌.煤的热解及硫析出特性试验研究[D].济南:山东大学,2005,9.

[126] BVOLTON J L, THATEHER G R J, LIU H. Chemical modification modulates estrogenic activity , oxidative reactivity, and metabolic stability in a new benzothiophene selective estrogen receptor modulator [J]. Chemical Research in Toxicology,2006,19(6):779-787.

[127] JORDAN V C. Tamoxifen:a most unlikely pioneering medicine[J]. Nature Reviews Drug Discovery,2003,2(3):205-213.

[128] ROSSOUW J E,ANDERSON G L,PRENTICE R L,et al. Risks and benefit s of

estrogen plus progestin in healthy postmenopausal women and principal results from the women's health initiative randomized controlled trial[J]. Journal of the American Medical Association,2002,288(3):321-333.

[129] KATRITZKY A R,BOBROV S,KHASHAB N,et al. Benzotriazolyl-mediated 1,2-shifts of electron-rich heterocycles[J]. Cheminform,2004,69(12):4269.

[130] ML LEE DL VASSILAROS, DW LATER. Capillary column gas chromatography of environmental polycyclic aromatic compounds[J]. International Journal of Environmental Analytical Chemistry,1982,11(3-4):251.

[131] 吴群英,达志坚,朱玉霞. FCC 过程中噻吩类硫化物转化规律的研究进展[J]. 石油化工,2012,41(4):477-483.

[132] 尹浩,刘桂建,刘静静. 煤热解过程中含硫气体的释放特征[J]. 环境化学,2012,31(3):330-334.

[133] 李建源,周新锐,赵德丰. 苯并噻吩及其衍生物[J]. 化学通报,2005,68:1-7.

[134] ROBERTO R C, IAN H, KRISHNASWAMY R. Elucidation of the functional sulphur chemical structure in asphaltenes using first principles and deconvolution of mid-infrared vibrational spectra[J]. Fuel Processing Technology, 2012, 97 (3): 85-92.

[135] 尚静,张建国,舒远杰,等. 高氯酸·四氨·双(5-硝基四唑)合钴(Ⅲ)分子和晶体结构与性能的理论研究[J]. 含能材料,2011,19(5):491-496.

[136] CHEN H L, WENG M H, JU S P, et al. Structural and electronic properties of $CenO_{2n}$ ($n=1\sim5$) nanoparticles: a computational study[J]. Journal of Molecular Structure,2010,963:2-8.

[137] 刘炯天. 关于我国煤炭能源低碳发展的思考[J]. 中国矿业大学学报:社会科学版,2011,12(1):5-12.

[138] THORNS T. Developments for the precombustion removal of inorganic sulfur from coal[J]. Fuel Processing Technology,1995,43:123-128.

[139] 雷佳莉,周敏,严东,等. 煤炭微波脱硫技术研究进展[J]. 化工生产与技术, 2012,19(1):43-46.

[140] 严东,周敏. 煤炭微波脱硫技术研究现状与发展[J]. 煤炭科学技术. 2012,40(7):125-128.

[141] 盛宇航,陶秀祥,许宁. 煤炭微波脱硫影响因素的试验研究[J]. 中国煤炭,2012,38(4):80-82.

[142] 魏蕊娣. 微波联合超声波强化氧化脱除煤中硫[D]. 太原:太原理工大学,2011.

[143] SILVA A S V,WEINSCHUTZ R,YAMAMOTO C I,et al. Catalytic cracking of light gas oil using microwaves as energy source[J]. Fuel,2013,106:632-638.

[144] MADRIZ L,CARRERO H,DOMINGUEZ J R,et al. Catalytic hydrotreatment in reverse microemulsions under microwave irradiation [J]. Fuel, 2013, 112 (3): 338-346.

[145] SHANG H, ZHANG H C, DU W, et al. Development of microwave assisted oxidative desulfurization of petroleum oils: a review[J]. Journal of Industrial and Engineering Chemistry, 2013,19:1426-1432.

[146] SHANG H,DU W,LIU Z C, et al. Development of microwave induced hydrodesulfurization of petroleum streams:a review[J]. Journal of Industrial and Engineering Chemistry, 2013,19(4):1061-1068.

[147] XIA W C,YANG J G,LIANG C. Effect of microwave pretreatment on oxidized coal flotation[J]. Powder Technology,2013,233:186-189.

[148] GE L C, ZHANG Y W, WANG Z H, et al. Effects of microwave irradiation treatment on physicochemical characteristics of chinese low-rank coals[J]. Energy Conversion and Management,2013,71:84-91.

[149] BARDAJEE G R. Microwave-assisted solvent-free synthesis of fluorescent naphthali-mide dyes[J]. Dyes and Pigments,2013,99:52-58.

[150] HENNICO G, DELHALLE J, RAYNAUD M, et al. An ab initio study of the electric field influence on the electron distribution of HCN, CH_3CN, CH_2CHCN, and $CH_2C(CN)$[J]. Chemical Physics Letters,1988,152(2-3):207-214.

[151] RAMOS M,ALKORTA I,ELGUERO J,et al. Theoretical study of the influence of electric fields on hydrogen-bonded acid-base complexes[J]. Journal of Physical Chemistry A, 1997,101(50): 9791-9800.

[152] ASCHI M,SPEZIA R, NOLA A D, et al. A first-principles method to model perturbed electronic wavefunctions: the effect of an external homogeneous electric field[J]. Chemical Physics Letters,2001,344(3-4):374-380.

[153] KAWABATA H,NISHIMURA Y,YAMAZAKI I, et al. Electric field effects on fluorescence of methylene-linked compounds of phenanthrene and N, N-Dimethylaniline in a poly(methyl methacrylate) polymer film[J]. Journal of Physical Chemistry A,2001,105 (45):10261-10270.

[154] ANA-MARIA C C, ANNA I K. Electronic structure of the π-bonded $Al-C_2H_4$ complex:characterization of the ground and low-lying excited states[J]. Journal of Chemical Physics,2003,118(24):10912-10918.

[155] JAMES B F, MARTIN H G, JOHN A P, et al. Toward a systematic molecular orbital theory for excited states[J]. Journal of Physical Chemistry, 1992, 96 (1): 135-149.

[156] DAVID J T,NICHOLAS C. Improving virtual Kohn-Sham orbitals and eigenvalues: application to excitation energies and static polarizabilities[J]. Journal of Chemical Physics,1998,109(23):10180-10189.

[157] BAUERNSCHMITT R,AHLRICHS R. Treatment of electronic excitations within the adiabatic approximation of time dependent density functional theory [J]. Chemical Physics Letters,1996, 256(4-5):454-464.

[158] ADAMO C,BARONE V. Accurate excitation energies from time-dependent density functional theory: assessing the PBE0 model for organic free radicals[J]. Chemical Physics Letters,1999,314(1-2):152-157.

[159] CHAUDHURI R K, MUDHOLKAR A, FREED K F, et al. Application of the effective valence shell Hamiltonian method to accurate estimation of valence and Rydberg states oscillator strengths and excitation energies for π electron systems [J]. Journal of Chemical Physics,1997,106(22):9252-9264.

[160] COOPER G, OLNEY T N, BRION C E. Absolute UV and soft X-ray photoabsorption of ethylene by high resolution dipole spectroscopy[J]. Chemical Physics,1995,194(1):75-184.

[161] GRIMME S. Density functional calculations with configuration interaction for the excited states of molecules[J]. Chemical Physics Letters,1996, 259(1-2):128-137.

[162] DING J N,KAN B,YUAN N Y,et al. The effect of external electric fields on the electronic structure of (5,5)/(10,0) metal-semiconductor single wall carbon nanotube intramolecule junction[J]. Physica E,2010,42(5):1590-1596.

[163] ZHANG S L, ZHANG Y H, HUANG S P, et al. Theoretical investigation of electronic structure and field emission properties of carbon nanotube-ZnO nanocontacts[J]. Carbon,2011,49(12):3835-3841.

[164] SURYA V J, IYAKUTTI K, MIZUSEKI H, et al. First principles study on desorption of chemisorbed hydrogen atoms from single-walled carbon nanotubes under external electric field[J]. International Journal of Hydrogen Energy,2011,36: 13645-13656.

[165] ZHANG Z, WANG J Y, NING M, et al. Field ionization effect on hydrogen adsorption over TiO_2-coated activated carbon[J]. International Journal of Hydrogen Energy, 2012,37:16018-16024.

[166] LIU W,ZHAO Y H,LI Y,et al. A reversible switch for hydrogen adsorption and desorption: electric fields [J]. Physical Chemistry Chemical Physics, 2009, 11: 9233-9240.

[167] KIM C,KIM B,LEE S M,et al. Effect of electric field on the electronic structures of carbon nanotubes[J]. Applied Physics Letters,2001,79:1187-1189.

[168] SHTOGUN Y V, WOODS L M. Electronic structure modulations of radially deformed single wall carbon nanotubes under transverse external electric fields[J]. Journal of Physical Chemistry C,2009,113:4792-4796.

[169] KAN B,DING J,YUAN N,et al. Transverse electric field-induced deformation of armchair single-walled carbon nanotube[J]. Nanoscale Research Letters,2010,5(7): 1144-1149.

[170] EHINON D, BARAILLE I, RERAT M. Polariabilities of carbon nanotubes: importance of the crystalline orbitals relaxation in presence of an electric field[J].

International Journal of Quantum Chemistry,2011,111(4):797-806.

[171] LIU W,ZHAO Y H,NGUYEN J,et al. Electric field induced reversible switch in hydrogen storage based on single-layer and bilayer graphemes[J]. Carbon,2009,47 (15):3452-3460.

[172] SHI S H,WANG J Y,LI X,et al. Enhanced hydrogen sorption on carbonaceous sorbents under electric field[J]. International Journal of Hydrogen Energy,2010,35 (2):629-631.

[173] ZHOU J,WANG Q,SUN Q,et al. Electric field enhanced hydrogen storage on polarizable materials substrates [J]. Proceedings of the National Academy of Sciences,2010,107(7):2801-2806.

[174] 宋晓书,郭秋娥,宇燕. AlF 分子外场效应的量子化学研究[J]. 贵州师范大学学报:自然科学版,2009,27(3):105-108.

[175] 令狐荣锋,徐梅,宋晓书,等. GaAs 在外电场作用下的分子特性研究[J]. 四川师范大学学报:自然科学版,2010,33(3):343-347.

[176] 宇燕,宋晓书,龙锋. MgO 在外电场作用下的分子特性研究[J]. 四川大学学报:自然科学版,2009,46(3):749-755.

[177] 周平,姜明. TiC 分子在外电场中的能量研究[J]. 四川大学学报:自然科学版,2012,35(4):530-533.

[178] 宋晓书,吕兵,令狐荣锋. 多原子炸药分子硝基甲烷在外电场作用下的结构特性研究[J]. 四川大学学报:自然科学版,2012,49(1):175-180.

[179] 李暖祥. 外场作用下内掺型纳米管的电子密度泛函理论研究[D]. 合肥:中国科学技术大学,2008.

[180] 董琪,田维全,李伟奇,等. 外电场对 $N@C_{60}$,$P@C_{60}$,$As@C_{60}$ 分子结构和性质的影响[J]. 高等学校化学学报,2010,31(11):2254-2259.

[181] 柳福提,张淑华,邵菊香. 外电场作用下 FO 分子的特性研究[J]. 原子与分子物理学报,2010,27(3):429-434.

[182] 徐国亮,刘玉芳,孙金锋,等. 外电场作用下 SiO 电子结构特性研究[J]. 物理学报,2007,56(10):5704-5708.

[183] 宋振玲,杨奎奇,赵跃民. 煤炭燃前脱硫技术研究进展[J]. 江苏煤炭,2003,4:43-44.

[184] KLEIN J. Technological and economic aspects of coal biodesulfurisation [J]. Biodegradation,1998,9(3):293-300.

[185] 周强. 煤的热解行为及硫的脱除[D]. 大连:大连理工大学,2004,2.

[186] 冯玉斌. 煤的热解及硫析出特性试验研究[D]. 济南:山东大学,2005,9.

[187] VIERHEILIG A,CHEN T,WALTNER P,et al. Femtosecond dynamics of ground-state vibrational motion and energy flow:polymers of diacetylene[J]. Chemical Physics Letters,1999,312(5-6):349-356.

[188] 徐真昊. 复杂体系过渡态搜寻和反应势垒计算方法研究和示范应用[D]. 上海:上海交通大学,2013.

［189］ CULLIS C F,NORRIS A C. The pyrolysis of organic compounds under conditions of carbon formation［J］. Carbon,1972,10:525-537.

［190］ WINKLER J K, KAROW W, RADEMACHER P. Gas-phase pyrolysis of heterocyclic compounds,part 1 and part 2:flow pyrolysis and annulation reactions of some sulfur heterocycles:thiophene, benzothiophene, and dibenzothiophene. A product-oriented study［J］. Journal of Analytical and Applied Pyrolysis,2002,62(1): 123-141.

［191］ MEMON H U R, WILLIAMS A, WILLIAMS P T. Shock tube pyrolysis of thiophene［J］. International Journal of Energy Research,2003, 27: 225-239.

［192］ 孙林兵,倪中海,张丽芳,等.煤热解过程中氮/硫析出形态的研究进展［J］.洁净煤技术, 2002,8(3):47-50.

［193］ LING L X, ZHAO L J, WANG B J. The Thermodynamic study on the sulfur-containing compound in coal using quantum chemistry［C］//The 9th China-Japan symposium on coal and C1 chemistry proceedings,Chengdu city,China,Oct,2006, 57-58.

［194］ BAJUS M, VESELÝ V, BAXA J. Stream cracking of hydrocarbons effect of thiophene on reaction kinetics and coking［J］. Industrial & Engineering Chemistry Product Research and Development,1981,20(4):741-745.

［195］ MARTOPRAWIRO M,BACSKAY G B,MACKIE J C. Ab initio quantum chemical and kinetic modeling study of the pyrolysis kinetics of pyrrole［J］. Journal of Physical Chemistry A,1999,103:3923-3934.

［196］ HORE N R, RUSSELL D K. The thermal decomposition of 5-membered rings:a laser pyrolysis study［J］. New Journal Chemistry,2004,28:606-613.

［197］ HURD C D,LEVETAN R V,MACON A R. Pyrolysis formation of arenas. Benzene and other arenas from thiophene,2-methylthiophene and 2-(methyl-14C)-thiophene ［J］. Journal of the American Chemical Society,1962,84: 4515-4519.

［198］ BRUINSMA O S L, TROMP P J J, DE SAUVAGE NOLTING H J J,et al. Gas phase pyrolysis of coal-related aromatic compounds in a coiled tube flow reactor 2 heterocyclic compounds,their benzo and dibenzo derivatives［J］. Fuel,1988,67:334-340.

［199］ BARCKHOLTZ C, BARCKHOLTZ T A, HADAD C M. C—H and N—H bond dissociation energies of small aromatic hydrocarbons［J］. Journal of the American Chemical Society,1999,121(3):491-500.

［200］ MACKIE J C,COLKET M B,NELSON P F,et al. Shock tube pyrolysis of pyrrole and kinetic modeling ［J］. International Journal of Chemical Kinetics,1991,23(8): 733-760.

［201］ 南京大学化学系有机化学教研室. 有机化学［M］.北京:高等教育出版社,1986, 78.

［202］ BACSKAY G B,MARTOPRAWIRO M,MACKIE J C. The thermal decomposition of pyrrole：an ab initio quantum chemical study of the potential energy surface associated with the hydrogen cyanide plus propyne channel[J]. Chemical Physics Letters,1999,300：321-330.

[203] 魏运洋,李建. 化学反应机理导论[M]. 北京：科学出版社,2004,23-27.

[204] 傅献彩,沈文霞,姚天扬. 物理化学[M]. 第四版. 北京：高等教育出版社,1990,798-812.

[205] 马美仲,乙烯和二甲基硅酮的外场效应和电子激发态[D]. 成都：四川大学,2005.

[206] NIMMANPIPUG P, YANA J, LEE V S, et al. Density functional molecular dynamics simulations investigation of proton transfer and inter-molecular reorientation under external electrostatic field perturbation：case studies for water and imidazole systems[J]. Journal of Power Sources,2013,229：141-148.

[207] FARMANZADEH D, TABARI L. Electric field effects on the adsorption of formaldehyde molecule on the ZnO nanotube surface：a theoretical investigation[J]. Computational and Theoretical Chemistry,2013,1016(28)：1-7.

[208] JALBOUT A. Endohedral metallo fullerene interactions with small polar molecules [J]. Computational Materials Science,2009,44(4)：1065-1070.

[209] ZHOU G, DUAN W H. Spin-polarized electron current from carbon-doped open armchair boron nitride nanotubes：implication for nano-spintronic devices [J]. Chemical Physics Letters,2007,437(1)：83-86.

[210] GROZEMA F C,TELESCA R,JONKMAN H T,et al. Excited state polarizabilities of conjugated molecules calculated using time dependent density functional theory [J]. Journal Chemical Physics,2001,115(21)：10014-10021.

[211] PAR K,ZHI H, TONU P. Bacteriochlorophyll in electric field[J]. Journal of Physical Chemistry B,2003,107(49)：13737-13742.

[212] 朱正和,傅依备,高涛,等. H_2 的外场效应[J]. 原子与分子物理学报,2003,20(2)：169-172.